物联网技术应用专业岗课赛证融通系列教材

物联网设备安装与调试

◎主　编　吴　民　林世舒　姜　栋
◎副主编　李雪松　李紫薇　吴焕祥
◎参　编　侯榕婷　鲁紫君　翁　平
◎主　审　胡志齐

电子工业出版社
Publishing House of Electronics Industry
北京·BEIJING

内 容 简 介

本书参照 1+X《物联网工程实施与运维职业技能等级标准》初级部分内容，根据物联网相关科研机构及企事业单位中物联网设备安装与调试、物联网工程实施、售后技术服务等工作岗位涉及的职业技能要求，通过 6 个项目介绍了物联网工程实施与运维对应的相关项目文档及作业流程，物联网设备检测、安装、调试及云平台接入，设备运行监控和故障维护等内容。

通过学习本书，读者可以掌握与物联网设备安装与调试相关的理论与技能，能完成物联网工程中设备安装、配置、运维等工作任务。本书能让读者初步了解物联网设备安装与调试的基本知识和用技术解决各类实际问题的思路与方法，为读者打开一扇深入学习物联网技术的大门。

本书可作为各类职业院校物联网技术应用、物联网应用技术、计算机及相关专业的教材，也可作为获取 1+X 物联网工程实施与运维职业技能等级证书时学习硬件调试部分的培训教材，还可作为从事物联网设备安装、调试相关技术人员的参考书。

图书在版编目（CIP）数据

物联网设备安装与调试 / 吴民，林世舒，姜栋主编. —北京：电子工业出版社，2023.7

ISBN 978-7-121-45946-7

Ⅰ. ①物… Ⅱ. ①吴… ②林… ③姜… Ⅲ. ①物联网—设备安装 ②物联网—设备—调试方法 Ⅳ. ①TP393.4 ②TP18

中国国家版本馆 CIP 数据核字（2023）第 126919 号

责任编辑：张　凌
印　　刷：涿州市京南印刷厂
装　　订：涿州市京南印刷厂
出版发行：电子工业出版社
　　　　　北京市海淀区万寿路 173 信箱　　　邮编　100036
开　　本：880×1230　1/16　印张：15　　字数：345.6 千字
版　　次：2023 年 7 月第 1 版
印　　次：2024 年 1 月第 2 次印刷
定　　价：45.00 元

凡所购买电子工业出版社图书有缺损问题，请向购买书店调换。若书店售缺，请与本社发行部联系，联系及邮购电话：（010）88254888，88258888。

质量投诉请发邮件至 zlts@phei.com.cn，盗版侵权举报请发邮件至 dbqq@phei.com.cn。

本书咨询联系方式：（010）88254583，zling@phei.com.cn。

前　言

　　本书是 1+X 物联网工程实施与运维认证前导课教材之一，是中职、高职物联网相关专业必修课程"物联网设备安装与调试"的配套教材。党的二十大报告在到二〇三五年我国发展的总体目标中提出，建成现代化经济体系，形成新发展格局，基本实现新型工业化、信息化、城镇化、农业现代化。物联网技术将有力支撑助力现代化建设，物联网安装调试员技能将普遍受到重视。本书依据物联网安装调试员职业资格标准和职业岗位调研，在内容和呈现形式等方面改革创新，适应中高职课程衔接，体现职业教育信息化，有效推动项目教学、场景教学、岗位教学等教学模式改革。

　　本书的总体设计思路是以物联网安装调试员工作岗位为基准，以该类岗位的工作内容为教学主线，按照理论—项目构建—项目实施流程，从易到难组织教学过程，采用"项目教学法"教学模式培养学生的物联网设备检测、安装、调试，以及云平台接入、设备运行监控和故障维护的能力。

　　本书共 6 个项目，分别是智慧农业——环境监测系统设备检测与安装、智能制造——生产线运行管理系统安装与调试、智慧建筑——建筑物倾斜监测系统环境搭建、智能零售——商超管理系统安装与调试、智慧园区——园区数字化监控系统安装与调试、智慧仓储——分拣管理系统运行与维护，通过这 6 个项目系统地讲解物联网设备安装与调试的原理及实践动手技术。本书在介绍物联网设备安装与调试基本原理后，重点阐述物联网设备安装与调试的技术应用，突出了学以致用的重要性。在内容的编排上淡化了学科性，避免介绍过多偏深的理论，注重理论在具体运用中的要点、方法和技术操作，并结合实际范例，逐层分析和利用物联网设备安装与调试技术进行实际项目应用。

　　本书是北京市信息管理学校与北京新大陆时代科技有限公司合办的新大陆物联网工程师学院的教学成果之一，由北京市信息管理学校与北京新大陆时代科技有限公司联合编写。北京市信息管理学校的吴民、姜栋和北京新大陆时代科技有限公司的林世舒担任主编，北京市信息管理学校的李雪松、李紫薇和北京新大陆时代科技有限公司的吴焕祥担任副主编。其中，吴民、吴焕祥负责编写项目 1 和项目 4，姜栋负责编写项目 2 和项目 3，李雪松负责编写项目 5，李紫薇负责编写项目 6。北京新大陆时代科技有限公司的侯榕婷、鲁紫君、翁平协助完成了大量的资源制作。由于时间仓促，加上编者水平有限，书中难免有不妥和疏漏之处，恳请读者批评指正。

编　者

扫一扫观看本书配套视频资源

目　录

项目 1

智慧农业——环境监测系统设备检测与安装

✎ 引导案例

　　中国是一个农业大国，很多农作物产量在世界都名列前茅，番茄、茄子、黄瓜等蔬菜不仅人均产量是世界第一，而且人均消费量也是世界第一。在山东寿光可以看到数万个亮晶晶的"房子"，那就是专门种植蔬果的大棚。山东寿光共有蔬菜生产基地 60 多万亩，冬暖式大棚 20 多万个，年产蔬菜 500 万吨左右，在全国遥遥领先。图 1-0-1 所示为山东寿光蔬菜大棚和集散中心图。

　　得益于高温蔬菜大棚技术，中国人享用的蔬菜品种比世界任何地方的人都要多，价格还更便宜。山东寿光蔬菜已然成为中国北方冬季最为主要的蔬菜供货源，山东寿光也是我国最大的蔬菜销售中心。

　　智能温室大棚是通过科学技术的手段，为植物提供相对可控制的适宜环境，能够对环境温度、湿度、光照、二氧化碳等环境气候进行智能调节，摆脱对自然环境的依赖，是较有活力的现代新农业。它具有高投入、高科技、高品质、高产量和高收益等特点，能够有效减少病虫害的侵袭、减少农药的使用、提高农作物抗病性，从而改善农作物品质，为种植户带来更多的收益。

　　2021 年 10 月，北方第一工程监理有限公司受北京果蔬产品种植有限公司委托，拟对北京市郊区农作物种植基地的蔬菜大棚智能化改造施工项目进行公开招标，要求实现对种植基地中环境数据的采集。本次招标经过多家公司竞标，最终由智农物联科技有限公司中标。

　　本次项目的主要技术要求：

- 实现现场环境温度、湿度、光照、二氧化碳等信息的实时监控。
- 支持设备数据的现场查看和展示。
- 要求所有传感器采用有线通信方式传输数据。
- 本次工程所使用的设备全部由北京果蔬产品种植有限公司负责提供。

图 1-0-1　山东寿光蔬菜大棚和集散中心图

设备开箱检查

🔭 职业能力目标

- 了解物联网工程施工全流程。
- 具备完成对设备开箱检查的能力。
- 能根据产品说明书、厂商发货清单完成设备完好性判断。

⏲ 任务描述与要求

　　任务描述：2022 年 1 月，北京果蔬产品种植有限公司向智农物联科技有限公司采购了 100 套农业监测系统设备（合同编号：NLE-202112-KXYS-01），现该设备已到达安装现场，开箱验收小组需要对设备进行开箱验收工作，并做好相关记录。

　　任务要求：

- 核对设备型号、规格和数量。
- 观察产品外观、清点随箱附件，完成设备完好性判断。
- 正确填写开箱验收单。

💻 知识储备

1.1.1　工程项目进度流程

　　物联网工程项目在与客户签订项目合同后，将进入为客户提供项目实施服务的工作阶段。该阶段的主要工作内容为项目施工、项目管理和人员培训，最终按合同约定完成交付物验收工作。该阶段可根据项目实施过程的重要节点和工作内容细划分为 6 个阶段，如图 1-1-1 所示。

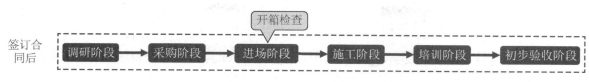

图 1-1-1　工程项目进度流程

（1）调研阶段。

调研阶段是指项目小组抵达项目现场，根据工作计划完成现场调研工作，明确项目现场实际情况的工作阶段。

（2）采购阶段。

采购阶段是指从项目组提交采购申请到采购结束的工作阶段。

（3）进场阶段。

进场阶段是指人员、设备进场，并进行设备（或材料）开箱检测和报审的工作阶段。

（4）施工阶段。

施工阶段是指设备（或材料）进场后，项目组根据施工进度计划及施工规范完成施工的工作阶段。施工人员进行施工前，技术负责人、安全员需要对施工人员进行安全、文明施工技术交底，施工阶段项目组需要做好项目设备的安装、调试记录，特别是隐蔽工程的报验。

（5）培训阶段。

培训阶段是指对客户进行项目设备、系统使用、管理和维护培训的工作阶段。

（6）初步验收阶段。

初步验收阶段是指项目完成施工和培训后，达到初步验收条件，从系统集成服务提供商提出初步验收申请到完成初步验收的工作阶段。

1.1.2　开箱检查的意义

一个物联网工程项目在施工之前，厂家会将设备运到客户现场，设备到货后，相关人员要进行设备开箱检查。设备开箱检查的目的是检查项目进场设备是否按合同发货，有无缺失或破损，为后续的安装调试工作做好前期准备工作。

同时，设备（材料）开箱检查是项目验收前保障设备质量的最重要的一个环节，如果不进行设备（材料）开箱检查，当设备在安装、调试或营运时出现故障，有可能会出现相关责任方不负责、相互推诿免责的现象，导致后期设备出现质量问题的纠纷。因此为了避免后续出现不必要的麻烦，设备进场时的开箱检查非常有必要。

对于一个物联网工程项目来说，施工人员第一次开始接触设备也是从开箱检查开始的。图 1-1-2 中罗列了几项设备开箱检查的好处。

图 1-1-2　设备开箱检查的好处

1.1.3 开箱检查前的准备

设备开箱检查是一项系统而复杂的工作，有很多开箱检查前的准备工作需要完成。

1. 检查人员准备

要做好设备开箱检查工作，首先需要组织检查小组，检查小组的人员组织工作一般按谁采购谁组织的原则进行。检查小组的人员通常由项目建设单位、监理单位、承建单位和供货单位等共同选派人员组成。图 1-1-3 所示为开箱检查人员组成。检查小组的人员必须接受过相关开箱检查知识的培训。

图 1-1-3 开箱检查人员组成

建设单位：法律规定中的发包人、发包单位，也就是建设项目投资方，也称为业主单位，其有权检查建设项目的承建单位、监理单位资质，对不符合要求的设备有权要求更换，按工程进度支付工程款。

监理单位：业主单位聘请的第三方工程质量监管机构，常见于施工阶段。

承建单位：法律规定中的承包人、承包单位，也就是建设项目施工方，由建设方招标确定，按设计文件和建设单位的要求完成建设目标，工程质量、进度、安全、环保由监理单位监控。

供货单位：提供设备、材料、工具及其他资源的企业。

原则上，设备开箱检查小组的人员全部要参与设备开箱检查，凡是已经通知但未到达现场参加检查的任何一方，对开箱检查的结果都要进行认可。

2. 了解验收技术要求

在进行设备开箱检查前，参加检查的人员要熟悉设备采购中关于设备的内容要求，熟悉设备的各项技术功能及配套要求。

3. 资料准备

针对项目采购合同编制项目设备清单，编制相关的设备开箱检查管理办法，明确各参与开箱检查方的责任，制定工作流程。对大型设备的验收还要制定详细的验收方案，方案中要明确参与检查人员各自的职责和分工，提前熟悉验收标准。在设备开箱验收的过程中需要将信息记录在开箱验收单中，因此需要准备好开箱验收单（多备几份以便写错替换）。

4．设备分类

有时到场的设备很多，为了确保到场设备全部经过开箱检查，使采购的设备在投入施工安装前能得到质量确认，不出现遗漏，开箱检查小组需要根据项目的特点对项目采购的设备进行分类。例如，耗材类、仪器仪表类、服务器类、显示终端类。

1.1.4　开箱检查实施流程

1．开箱检查流程

设备开箱检查通常首先检查设备的外包装，然后进行设备检查。图 1-1-4 所示为设备开箱检查实施流程。

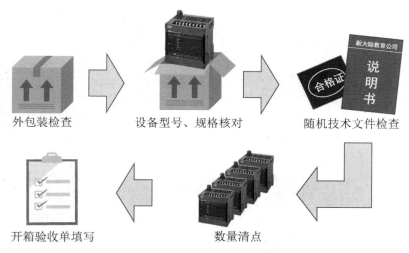

图 1-1-4　设备开箱检查实施流程

第一步，需要检查外包装情况，看包装箱（包括内包装塑料袋）是否有损坏的地方，外包装可从侧面反映货品在运输途中的状态，外包装破损或出现严重凹陷说明在运输过程中货物极有可能受到严重撞击，内部物品可能受到损坏。

第二步，核对到货的设备型号、规格、附件等是否与合同相符。

第三步，检查设备制造单位的合格证、检测报告、说明书等随机技术文件的完整性、真实性及有效性。

第四步，按装箱清单清点设备及附件的数量，同时查看设备外观是否有损坏、锈蚀等现象。将采购清单与装箱清单进行比对，查看设备型号、数量是否吻合。

第五步，检查完毕填写开箱验收单，对验收中发现的问题和破损件应详细记录，参加开箱检查的人员要在验收单上签字。

2．设备现场开箱检查注意事项

（1）附件的检查不能马虎，附件价值不高，但作用很大，很容易影响到工程质量和进度。

（2）需要特别留意设备外形及接口是否与要求相符合。

（3）设备开箱检查后，如不能随即开始安装，应重新包装好，并做好防锈防潮工作。

（4）开箱验收单通常除记录开箱检查相关数据外，还要拍照记录。

1.1.5　开箱检查验收单填写

　　设备进场开箱检查验收单目前没有统一的模板，每个公司都有自己的格式，不过大致内容差不多，一般都由项目名称、设备名称、总数量、签字栏等部分组成，表 1-1-1 所示为工程设备进场开箱验收单。

表 1-1-1　工程设备进场开箱验收单

项目名称	仙游县智能农业监测项目	合同编号	ZHASQ-2020-KXYS-01
设备名称	智能农业检测系统设备	开箱日期	2022.11.18
总数量	5 套	检查数量	5 套
进场检查记录			
包装情况	外包装良好		
随机文件	合格证、检测报告、说明书等随机技术文件齐全		
备件与附件	无		
设备外观	外观质量无磨损、撞击		
缺、损附件明细			

序号	名称	型号/规格	数量	备注

检查结论：

　　经现场开箱，进行设备的数量及外观检查，符合设备移交条件，自开箱检查之日起移交承建单位保管

承建单位：城南新时代科技有限公司	供货单位：福建溯源科技有限公司	监理单位：福州一信工程监理咨询公司	建设单位：南方城建发展有限公司
代表：张三	代表：李四	代表：王五	代表：陈波

说明：本表一式 4 份，由监理单位填写。承建单位、供货单位、监理单位、建设单位各 1 份。

填写说明：

① 项目名称、合同编号、设备名称：需确保与合同中的名称一致。

② 总数量：本次供货单位送到现场的实际设备数量。

③ 开箱日期、检查数量：按实际开箱检查当天的日期和检查数量进行填写。

④ 包装情况、随机文件、备件与附件、设备外观：按实际检查结果填写。

⑤ 缺、损附件明细：填写异常的设备和附件信息，内容不够填写可以另附文件。

⑥ 检查结论：需要体现最终检查结果。

⑦ 签字：检查小组人员签字确认。

任务实施

任务实施前必须先准备好以下设备和资源。

序号	设备/资源名称	数量	是否准备到位（√）
1	物联网工程实施与运维套件	1套	
2	开箱验收单	4份	
3	设备清单	1份	
4	空白纸和笔	若干	
5	相机（手机）	1台	

1. 检查外包装

查看外包装是否完好，是否有凹陷，是否有水浸的痕迹等。外包装检查（见图1-1-5）要包含上、下、左、右、前、后六个面，如果发现异常状况，则需要记录在设备验收单上，并拍照留下记录。

> **温馨提示**
>
> 为了防止验收单上的内容写错造成涂改，可以先记录在空白纸上。

图 1-1-5　外包装检查

2. 核对设备型号、规格

根据设备清单完成设备的型号和规格确认，并确认配套附件如螺丝、电源插头、信号线是否正确。设备的型号规格信息一般会粘贴或丝印在设备的外壳上。设备的型号、规格表示如图1-1-6所示。

图 1-1-6　设备的型号、规格表示

> **温馨提示**
>
> 一般情况下，每个设备上都会有型号、规格标注，但是由于本次任务所用设备是一个套件，因此厂家只对套件进行了标注，没有对各个设备进行标注。

3. 检查随机技术文件

检查设备制造单位的合格证、检测报告、说明书等随机技术文件是否完整、真实及有效。由于本次实验设备无备件与附件，因此按无进行填写。

4. 清点设备数量和检查外观

根据设备清单，清点厂家提供的所有设备，并检查设备的外观。

5. 填写验收单

在准备好的设备开箱验收单中，完成验收单的信息填写。填写要求：信息完整、字体清晰、不得随意涂改。

知识链接

开箱检查规范要求请查阅本任务【知识储备1.1.3 节】。

温馨提示

在工作中，文件有涂改的地方需要在边上签上涂改人员的姓名。

任务小结

本任务设备开箱检查思维导图如图 1-1-7 所示。

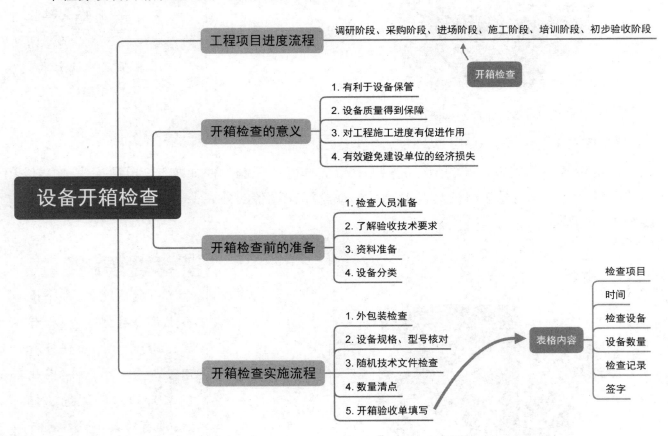

图 1-1-7　任务 1　设备开箱检查思维导图

📝 任务工单

项目 1	智慧农业——环境监测系统设备检测与安装		任务 1	设备开箱检查

一、本次任务关键知识引导

1. 工程项目根据项目实施过程的重要节点和工作内容细划分为（　　　　　）、（　　　　　）、（　　　　　）、（　　　　　）、（　　　　　）、（　　　　　）6 个阶段。

2. 设备开箱检查处在项目实施过程中的（　　　）阶段。

3. 设备开箱检查能有效避免（　　　）的经济损失。

4. 设备开箱检查前需要进行的准备是检查人员准备、（　　　　　）、（　　　　　）、（　　　　　）。

5. 建设项目投资方称为"业主单位"，也称为（　　　）。

　　A．承建单位　　　　B．供货单位　　　　C．监理单位　　　　D．建设单位

6. 监理单位是由（　　　）聘请的。

　　A．承建单位　　　　B．供货单位　　　　C．监理单位　　　　D．建设单位

7. 设备开箱检查流程中第一步是要检查设备的（　　　　　）。

8. 设备开箱验收单需要签字的有（　　　　　）、（　　　　　）、（　　　　　）、（　　　　　）4 个单位。

二、任务检查与评价

评价方式	可采用自评、互评、教师评价等方式			
说　　明	主要评价学生在项目学习过程中的操作技能、理论知识、学习态度、课堂表现、学习能力等			
序号	评价内容	评价标准	分值	得分
1	知识运用（20%）	掌握相关理论知识，完成本次任务关键知识引导的作答准确率（20 分）	20 分	
2	专业技能（40%）	正确完成"准备设备和验收材料"操作（+5 分）	40 分	
		正确完成"检查外包装"操作（+5 分）		
		正确完成"核对设备型号规格"操作（+5 分）		
		正确完成"检查随机技术文件"操作（+5 分）		
		正确完成"清点设备数量和检查外观"操作（+10 分）		
		正确完成"填写验收单"操作（+10 分）		
3	核心素养（20%）	具有良好的自主学习、分析解决问题、帮助他人的能力，整个任务过程中指导过他人并解决过他人问题（20 分）	20 分	
		具有较好的学习能力和分析解决问题的能力，任务过程中未指导过他人（15 分）		
		具有主动学习并收集信息的能力，遇到问题请教过他人并得以解决（10 分）		
		不主动学习（0 分）		
4	职业素养（20%）	实验完成后，设备无损坏、设备摆放整齐、工位区域内保持整洁、未干扰课堂秩序（20 分）	20 分	
		实验完成后，设备无损坏、未干扰课堂秩序（15 分）		
		未干扰课堂秩序（10 分）		
		干扰课堂秩序（0 分）		
总得分				

说明：评价表中"专业技能"评价标准得分为各项分数的总和，共计 40 分。其他评价标准按达成程度直接得分。后面各任务评价表同样处理。

环境监测设备性能检测

任务 2

职业能力目标

- 具备正确使用万用表检测设备性能的能力。
- 具备使用万用表和串口调试工具检测传感器设备电性能的能力。

任务描述与要求

任务描述： 作为承建单位的一名技术人员，今天公司安排你完成某一大棚的环境监测系统设备的安装。所以你需要先对本次项目用到的设备进行性能检测，以防安装完成后发现设备不良。

任务要求：

- 检测温湿度变送器的性能是否良好。
- 检测二氧化碳变送器的性能是否良好。
- 检测光照度变送器的性能是否良好。

知识储备

1.2.1 设备性能检测常用工具

在工作中用常用工具对硬件设备进行性能检测的场合有很多，如设备生产出厂质量检测、设备来料质量检测、设备安装前的质量检测和设备维护时的质量检测等。而在工作中通常用于检测物联网硬件设备性能的工具主要有万用表、示波器、串口调试工具等。

1. 万用表

万用表是在设备安装与调试工作中不可缺少的测量仪表，主要可用于测量电压、电流和电阻。万用表按显示方式分为指针万用表和数字万用表，如图 1-2-1 所示。由于数字万用表使用起来较为方便，而且不用考虑正负极，因此对物联网设备的安装调试使用数字万用表即可。

数字万用表由表笔（红表笔、黑表笔）、仪表两部分组成，如图 1-2-2 所示。

图 1-2-3 所示为数字万用表功能端口图，其中万用表的公共插孔⑦一般都是与黑表笔相连接的，并通常用于与被测电压的地信号进行连接。万用表的⑤、⑥、⑧插孔一般连接红表笔，至于红表笔具体要插在哪个插孔，需要根据测量功能选择开关④所在位置进行判断。

图 1-2-1　指针万用表和数字万用表

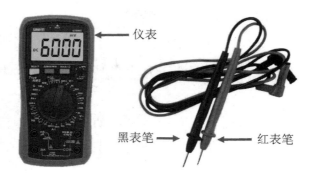

图 1-2-2　数字万用表组成

① — 数值显示屏

② — 最大/最小切换

③ — 功能按键选择

④ — 测量功能选择开关

⑤ — mA/μA电流测量插孔

⑥ — 20A电流挡测量插孔

⑦ — 公共（COM）插孔/负极插孔

⑧ — 电压/电阻/二极管/电路通断/频率/温度测量插孔

⑨ — 三极管测量插孔

⑩ — 短按数据保持/长按显示背光

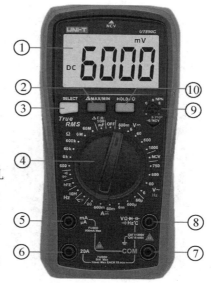

图 1-2-3　数字万用表功能端口图

图 1-2-4 所示为万用表挡位选择说明，其中③挡是 NCV 挡，其意思是非接触电压检测，相当于感应电笔，可以用于巡查电线的通断，不用破皮可知电线电缆是否有电。

① — 关机

② — 直流电压测量

③ — 非接触电压检测（NCV）

④ — 交流电压测量

⑤ — 直流电流测量

⑥ — 10MHz以内频率测量

⑦ — 三极管放大倍数β值测量

⑧ — 二极管/电路通断测量

⑨ — 电阻测量

⑩ — 100mF以内电容测量

⑪ — 相线或地线测量（LIVE）

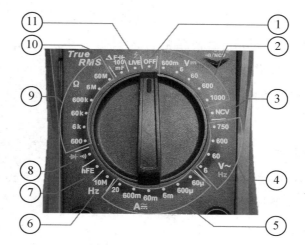

图 1-2-4　万用表挡位选择说明

万用表的使用原则：

① 使用前应熟悉被测量的对象，正确选用挡位、量程及表笔插孔。

② 在对被测对象的数值大小不确定时，应先选用最大量程挡，再由大量程挡往小量程挡切换。

③ 在测量电路电阻时，必须切断被测电路的电源，不得带电测量。

④ 要注意人身和仪表设备的安全，测试中不得用手触摸表笔的金属部分。

2．示波器

图 1-2-5 所示为一款示波器设备，示波器是一种用途十分广泛的电子测量仪器。它能把肉眼看不见的电信号变换成看得见的图像。功能上与万用表不同，万用表主要是测量电压、电流、电阻的数值大小，只能进行简单的测量，获取数值量，判断器件好坏、线路是否完整等。而示波器不仅可以用来测量电压信号，还能用来分析信号的形态，包括频率、幅度、占空比等，可以知道整个信号的波形。万用表重在"量测"，示波器重在"分析"。

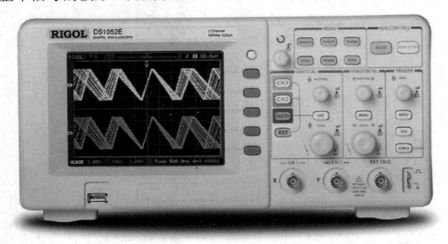

图 1-2-5　一款示波器设备

在物联网设备安装与调试中，可以使用示波器对各种传感器输出信号、通信接口传输信号等进行测量，有助于对设备的性能进行分析。可以用示波器测试转速传感器的输出波形，从而知道转速传感器的工作稳定性和准确性。

通常示波器的体积较大，携带不方便，价格也比较高，所以一般适合在不需要经常移动的场合下使用，如在产品的研发和生产过程中使用。

3．串口调试工具

图 1-2-6 所示为一款串口调试工具软件，串口调试工具有时也称为串口调试助手。串口调试工具主要用于计算机与硬件终端设备（如单片机、温湿度传感器）进行通信，可以通过串口调试工具接收硬件终端设备上传的串口数据，也可以向硬件终端设备发送控制指令，从而判断设备的工作是否正常。要想成功使用串口调试工具就必须正确设置串口的参数，否则可能造成串口调试工具收不到数据或者通信的数据为乱码。

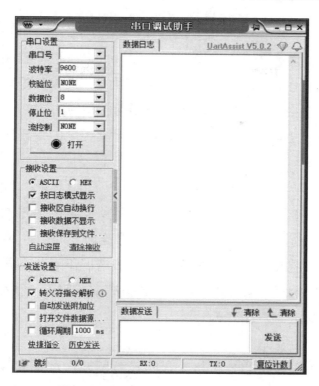

图 1-2-6　一款串口调试工具软件

　　串口调试工具需要配置的参数有串口号、波特率、校验位、数据位、停止位、流控制、数据发送格式和数据接收格式，对于两个要进行通信的串口端口，这些参数必须保证一致。

　　（1）串口号。

　　串口号非常重要，如果配置错误则会造成无法运行串口调试工具，或者运行后的串口调试工具无法与设备进行通信。该串口号表示计算机是使用哪个串口与设备进行通信的，串口号可以在计算机的"设备管理器"界面中进行查看。

　　（2）波特率。

　　波特率是设置与设备通信的速率，不同厂家的设备使用的波特率通常都会有所不同，该参数可以通过查阅设备说明书进行获取。如果无法查询到设备的波特率，那么可以试试使用 9600 波特率，因为大部分设备都默认采用 9600 波特率。

　　（3）校验位。

　　校验位是一种简单的检错方式设置位，有四种检错设置方式：偶、奇、高和低。串口调试工具默认使用无配置，一般使用串口调试工具的默认配置即可。

　　（4）数据位。

　　数据位用于配置串口通信的信息包中实际数据所占的位数。它可以配置为 5 位、6 位、7 位和 8 位。串口调试工具默认使用 8 位配置，一般使用串口调试工具的默认配置即可。

　　（5）停止位。

　　停止位用于表示串口发送的数据单个包的最后一位，典型的值为 1 位、1.5 位和 2 位。串口调试工具默认使用 1 位配置，一般使用串口调试工具的默认配置即可。

（6）流控制。

流控制主要用于控制数据传输的进程，防止数据丢失。当接收端数据处理不过来时，通过流控制向发送端发送停止发送指令，当接收端可以继续接收数据时会向发送端发送"可以继续发送"的指令。但是采用流控制会造成串口通信接口额外占用一根信号线，因此大部分情况下默认是关闭流控制，串口调试工具默认使用无流控制配置，一般使用串口调试工具的默认配置即可。

（7）数据发送格式。

数据发送格式主要用于设置串口调试工具向设备所发送的信号数据格式，如果不对设备发送数据，那么可以不用配置该项。串口调试工具的数据发送格式主要为 ASCII 码格式和 HEX格式。具体要用哪种格式需要查阅设备说明书，一般情况下对设备进行操作的信息通信基本都采用 HEX 格式发送（如查询传感器数值、配置传感器信息），而 ASCII 码格式主要用于设备调试和数据透传（如发送 AT+指令）。

（8）数据接收格式。

数据接收格式主要用于设置用什么格式显示设备所发送过来的数据，如果不接收设备发送过来的数据，那么可以不用配置该项。串口调试工具的数据接收格式主要有两种：ASCII 码格式和 HEX 格式。具体要用哪种格式需要查阅设备说明书，一般情况下对设备进行操作的信息通信基本都采用 HEX 格式接收（如获取传感器数据），而 ASCII 码格式主要用于设备调试和数据透传（如接收设备调试信息）。

1.2.2 传感器的定义和分类

简单来说，传感器就是一种能把物理量或化学量转变成便于利用的电信号的器件。按输出信号的性质分类，可将传感器分为模拟量传感器、数字量传感器和开关量传感器三种。

模拟量传感器输出的信号是模拟信号。这种类型的传感器需要进行模拟量和数字量转换，才可以被设备读取。

数字量传感器输出的信号是数字信号。这种类型的传感器不需要模拟量和数字量转换，可直接被设备读取。总结一下就是区分模拟量传感器和数字量传感器的方法就是看传感器本身是否带有模拟量和数字量转换的功能即可。例如，485 型光照度传感器，其输出的信号是 RS485信号，传感器要输出 RS485 信号时需要经过微处理器这一关，而微处理器只能处理 1 或 0 的数字信号，这时 485 型光照度传感器就必须先将光照信号转换成数字信号才行，所以 485 型光照度传感器具有模拟量和数字量转换的功能，485 型光照度传感器属于数字量传感器。

开关量传感器是一种特殊的传感器，即可以看成模拟量传感器，也可以看成数字量传感器，其输出的信号只有两种，分别对应"有"和"无"。在利用相应传感器采集烟雾信号或人体信号，并判定其有无时，所输出的就是典型的开关量。

在区分这三类传感器时，可以阅读传感器的说明书，找到"输出形式"这一项。如果"输出形式"标明是电压或电流，则该传感器是模拟量传感器；如果"输出形式"标明是某接口名称，则该传感器是数字量传感器；如果"输出形式"标明是常开/常闭，则该传感器是开关量传感器。

判断图 1-2-7 中的 4 个传感器分别属于哪一种类型的传感器。

工作电压	9～16VDC
环境温度	−10～+50℃
探索范围	6m×0.8m（安装高度在3.6m时）
探测角度	15°
消耗电流	≤20mA（12VDC时）
探测距离	6m
报警输出	常闭/常开可选
产品尺寸	80mm×34.5mm×28mm

人体探测器

供电电压	24VDC（默认）
输出形式	4～20mA输出
工作温度	−10～+60℃
负载能力	≤600Ω（电流型）≥3kΩ（电压型）
准确度	±1%
非线性	≤0.2%FS
响应时间	≥30ms
量程范围	0～110kPa

大气压力传感器

供电电压	3.1～5.5VDC
测量范围	温度：−10～+80℃ 湿度：0～99.9%RH
精度	温度：±0.5℃ 湿度：±3%RH（25℃）
输出信号	单总线/I²C信号
外壳材料	PC塑料
质量	0.5g

温湿度传感器

直流供电	12～24VDC
耗电	≤0.15W（12VDC,2℃时）
精度	±5%（25℃）
光照强度	0～20万lx
稳定性	≤5%/y
输出信号	0～5V
工作压力	0.9～1.1atm

光照度传感器

图 1-2-7　传感器类型判断

1.2.3　模拟量传感器的性能检测

模拟量传感器输出的标准信号主要为 4～20mA、0～5V、0～10V、1～10V，根据信号类型模拟量传感器可以分为电压型模拟量传感器和电流型模拟量传感器。

1. 电压型模拟量传感器检测

电压型模拟量传感器可以使用万用表的电压挡功能进行检测。例如，现有一个光照度传感器，其输出的信号为 0～5V，要检测该传感器的信号输出性能是否准确，可以按图 1-2-8 所示连接传感器和万用表。

① 万用表调至直流电压 60V 挡位。

② 红表笔接万用表 VΩ 孔座。

③ 黑表笔接万用表 COM 孔座。

④ 红表笔探头接传感器信号线。

⑤ 黑表笔探头接传感器地线。

⑥ 给传感器正常供电。

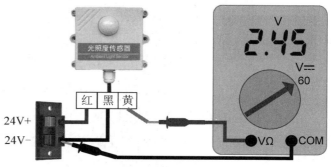

图 1-2-8　电压型模拟量传感器检测

光照度传感器在性能正常的情况下测量的结果为 0～5V，而且随着接收到的光照强度越强，测得的电压值越大，反之越小。但是无论光照强度多大，测得的数值最大只能是 5V。如果测得的结果不符合上述现象，则可以判定该光照度传感器为不良品。

2. 电流型模拟量传感器检测

电流型模拟量传感器可以使用万用表的电流挡功能进行检测。例如，现有一个光照度传感器，其输出的信号为 4～20mA，要检测该传感器的信号输出性能是否准确，可以按图 1-2-9 所示连接传感器和万用表。

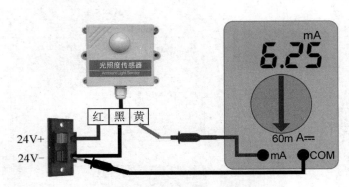

① 万用表调至直流电流 60mA 挡位。

② 红表笔接万用表 mA 孔座。

③ 黑表笔接万用表 COM 孔座。

④ 红表笔探头接传感器信号线。

⑤ 黑表笔探头接传感器地线。

⑥ 给传感器正常供电。

图 1-2-9　电流型模拟量传感器检测

光照度传感器在性能正常的情况下测量的结果为 4～20mA，而且随着接收到的光照强度越强，测得的电流值越大，反之越小。但是无论光照强度如何变化，测得的数值只能为 4～20mA，如果测得的结果不符合上述现象，则可以判定该光照度传感器为不良品。

注意：在测量传感器的电流时要特别小心操作，一旦操作错误，就有可能烧坏万用表的电流挡位。测完电流后，要立即将万用表的红表笔插回电压插孔。

1.2.4　开关量传感器的性能检测

开关量传感器输出的信号只有两种状态，要么是导通或断开，要么是高电平或低电平。开关量传感器根据工作原理分类，可以分为触点式开关量传感器和无触点式开关量传感器。

1. 触点式开关量传感器检测

触点式开关量传感器是机械式的开关传感器，通过机械动作来实现触点的导通或断开，从而进一步控制后端设备的电信号。例如，图 1-2-10 所示为限位开关传感器，其属于触点式开关量传感器。该传感器共有 3 个引脚，分别是公共脚（COM）、常开脚（NO）和常闭脚（NC）。

（1）传感器无触发时：COM 和 NC 导通，COM 和 NO 断开。

（2）传感器触发时：COM 和 NC 断开，COM 和 NO 导通。

触点式开关量传感器本质上与一个机械开关一样，因此对这种传感器可以使用万用表的"二极管检测挡位"进行检测。可以按图 1-2-11 所示连接传感器和万用表。

① 万用表调至二极管检测挡位。

② 红表笔接万用表二极管孔座。

③ 黑表笔接万用表 COM 孔座。

④ 黑表笔探头接传感器 COM。

⑤ 红表笔探头依次接传感器的 NO 和 NC。

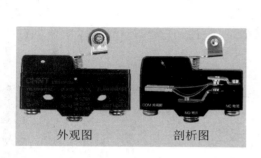

图 1-2-10　限位开关传感器

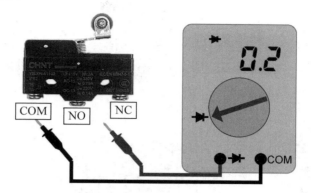

图 1-2-11　触点式开关量传感器检测

触点式开关量传感器在性能正常的情况下的检测结果如表 1-2-1 所示。

表 1-2-1　触点式开关量传感器在性能正常的情况下的检测结果

红表笔探头接传感器引脚位置	传感器触发状态	万用表结果
NO	没触发	不响或显示 OL（无穷大）
	触发	有响声或数值在 0.7 以下
NC	没触发	有响声或数值在 0.7 以下
	触发	不响或显示 OL（无穷大）

如果测得的结果不符合上述现象，则可以判定该触点式开关量传感器为不良品。

2. 无触点式开关量传感器检测

无触点式开关量传感器出厂时输出的数据被设置为输出高电平或低电平状态。

非工业级的无触点式开关量传感器输出高电平或低电平两种信号，这种传感器使用万用表电压挡直接测量即可。具体操作可参考"电压型模拟量传感器检测"。

工业级的无触点式开关量传感器的内部通常有一个继电器，其输出分为常开型、常闭型和常开常闭型三种。

① 常开型输出的数据在正常情况下是断开状态，一旦触发就会变成闭合状态。

② 常闭型输出的数据在正常情况下是闭合状态，一旦触发就会变成断开状态。

③ 常开常闭型输出的数据可以根据客户需要选择输出回路实现常开常闭控制，这是目前大多数无触点式开关量传感器采用的方式。

对于这种工业级的无触点式开关量传感器可以使用万用表的"二极管检测挡位"进行检测。

例如，烟雾传感器一般就是一款常开常闭型开关量传感器，其内部有个跳针可以用来选择是常开还是常闭，如图 1-2-12 所示。

图 1-2-13 所示为无触点式开关量传感器检测。

① 万用表调至二极管检测挡位。

② 红表笔接万用表二极管孔座。

③ 黑表笔接万用表 COM 孔座。

④ 黑表笔探头接传感器 COM。

⑤ 红表笔探头接传感器的信号输出引脚（报警输出）。

⑥ 传感器的电源地（电源-）和信号输出地（COM）短接。

⑦ 给传感器正常供电。

图 1-2-12　常开/常闭选择

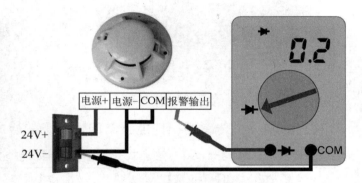

图 1-2-13　无触点式开关量传感器检测

烟雾传感器在性能正常的情况下的检测结果如表 1-2-2 所示。

表 1-2-2　烟雾传感器在性能正常的情况下的检测结果

设置状态	传感器触发状态	万用表结果
常闭型输出	没触发	有响声或数值在 0.7 以下
	触发	不响或显示 OL（无穷大）
常开型输出	没触发	不响或显示 OL（无穷大）
	触发	有响声或数值在 0.7 以下

如果测得的结果不符合上述现象，则可以判定该烟雾传感器为不良品。

1.2.5　数字量传感器的性能检测

对于数字量传感器的性能检测，需要根据其所使用的输出接口类型来进行针对性的检测。下面介绍几种常用的接口类型数字量传感器的检测方法。

1. IIC 接口、SPI 接口和 CAN 接口类型

IIC 接口、SPI 接口和 CAN 接口类型的数字量传感器需要研发编写专门的程序和检测操作文档才能完成检测，这里不进行介绍。在工程中遇到这种类型的传感器时通常要搭建好与其有关的系统环境，再通过接收传感器上传的数据来判断传感器好坏。

2. RS485 接口类型

RS485 有两线制和四线制两种接线方式，四线制支持只能实现点对点的通信方式，现在很少使用，目前大多采用的是两线制接线方式，它采用总线式拓扑结构，在同一总线上可以挂接多个节点。在 RS485 通信网络中一般采用的是主从通信方式，即一个主机带多个从机。

RS485 两线一般标注为 "A、B" 或 "Date+、Date-"，即常说的 "485+、485-"。其通信

传输采用差分信号传输方式，能够有效减少噪声信号的干扰，因此 RS485 最大传输距离可达 1200m。

RS485 通信的连接方式只需要简单地使用一对双绞线将各个设备上 RS485 接口的 A、B 端连接起来就行。这种连接方法在许多场合是能正常工作的，但有时却会出现不能正常通信的情况。如果出现不能正常通信的情况，则主要原因是收发器存在共模干扰，RS485 收发器的共模电压范围为-7~+12V，这时可以试着将发送设备和接收设备的信号地连接在一起。

检测 RS485 接口类型的传感器通常是连接到计算机，使用串口调试工具或厂家配套工具软件进行检测。由于计算机没有 RS485 接口，因此需要使用 USB 接口转换器与 RS485 接口设备相连。常用的接口转换器设备如图 1-2-14 所示。

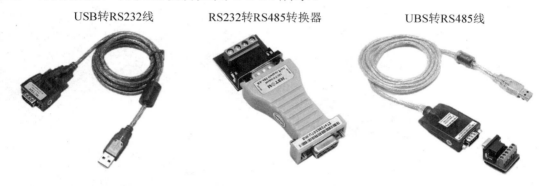

USB转RS232线　　　　RS232转RS485转换器　　　　UBS转RS485线

图 1-2-14　常用的接口转换器设备

数字量传感器内部带有处理芯片，每个厂家设置的芯片操作指令不一样，在检测或配置数字量传感器性能时，需要结合设备说明书进行检测。

📖 任务实施

任务实施前必须先准备好以下设备和资源。

序号	设备/资源名称	数量	是否准备到位（√）
1	温湿度变送器	1个	
2	二氧化碳变送器	1个	
3	光照度变送器	1个	
4	USB 转 RS232 线	1根	
5	RS232 转 RS485 转换器	1个	
6	相关设备说明书	1套	

有些厂家为了将 RS485 接口输出的数字量传感器与模拟量、开关量传感器进行区别，会将 RS485 接口输出的传感器称为变送器，本质上这里的变送器就是指传感器。

1. 检测温湿度变送器性能

（1）连接硬件线路。

将温湿度变送器的 RS485 接口连接至计算机，如图 1-2-15 所示。

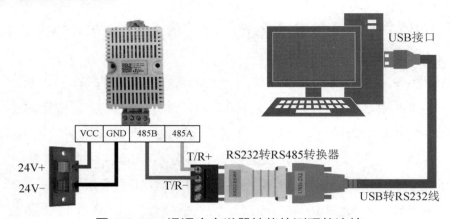

图 1-2-15　温湿度变送器性能检测硬件连接

（2）安装 USB 转 RS232 线驱动。

这里使用了 USB 转 RS232 线，因此需要安装转接线的驱动，否则计算机无法识别到该设备，如图 1-2-16 所示，计算机的设备管理器中显示无法识别 USB 接口转换器设备。

图 1-2-16　无法识别 USB 转 RS232 线

USB 转 RS232 线的驱动要根据 USB 转 RS232 线的芯片类型进行安装，USB 转 RS232 线驱动可向供货商索取。这里使用最简单的方式安装，就是先直接从网上下载驱动管理工具（如驱动精灵），然后进行设备扫描安装即可，如图 1-2-17 所示。

图 1-2-17　使用驱动精灵安装设备驱动

安装完成后，计算机的设备管理器中就能显示出 USB 转 RS232 线的 COM 口编号，如图 1-2-18 所示。

图 1-2-18　识别到设备的 COM 口编号

（3）判断传感器性能好坏。

使用设备配置工具，串口号选择设备管理器中显示的 COM 口编号，完成温湿度变送器的数值获取，如图 1-2-19 和图 1-2-20 所示。

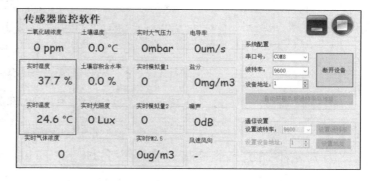

图 1-2-19　连接配置　　　　　　　　图 1-2-20　获取温湿度数值

温湿度变送器在性能正常的情况下测量的温度、湿度数值必须与在实际环境中的数值一样，才能表明该温湿度变送器性能良好。

2．检测光照度变送器性能

（1）连接硬件线路。

将光照度变送器的 RS485 接口连接至计算机，如图 1-2-21 所示。

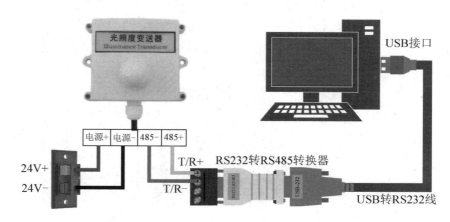

图 1-2-21　光照度变送器配置硬件连接

（2）分析光照度变送器指令。

查阅光照度变送器的设备说明书获得数据采集的方法说明。图 1-2-22 所示为光照度变送器的部分设备说明书。

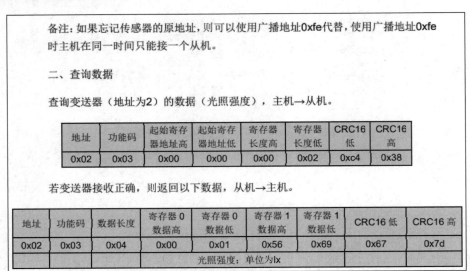

备注：如果忘记传感器的原地址，则可以使用广播地址0xfe代替，使用广播地址0xfe时主机在同一时间只能接一个从机。

二、查询数据

查询变送器（地址为2）的数据（光照强度），主机→从机。

地址	功能码	起始寄存器地址高	起始寄存器地址低	寄存器长度高	寄存器长度低	CRC16低	CRC16高
0x02	0x03	0x00	0x00	0x00	0x02	0xc4	0x38

若变送器接收正确，则返回以下数据，从机→主机。

地址	功能码	数据长度	寄存器0数据高	寄存器0数据低	寄存器1数据高	寄存器1数据低	CRC16低	CRC16高
0x02	0x03	0x04	0x00	0x01	0x56	0x69	0x67	0x7d
			光照强度：单位为lx					

图 1-2-22　光照度变送器的部分设备说明书

根据设备说明书的内容可知，要获取光照度变送器所采集到的光照数值，需要发送指令：

```
0x02 0x03 0x00 0x00 0x00 0x02 0xc4 0x38
```

因为还不知道光照度变送器的设备地址，所以根据说明书提示可以将地址 0x02 用 0xfe 替代。0xc4 和 0x38 是原指令的 CRC16 校验码，而设备地址从 0x02 换成了 0xfe，所以需要重新计算 CRC16 校验码。目前光照度变送器获取光照数值的指令：

```
0xfe 0x03 0x00 0x00 0x00 0x02 CRC16 校验码
```

至于 CRC16 校验码，可以使用串口调试工具中自带的 CRC16 校验码功能进行附加，不需要自行计算添加，具体配置方式如下。

运行串口调试工具，如图 1-2-23 所示，完成配置。

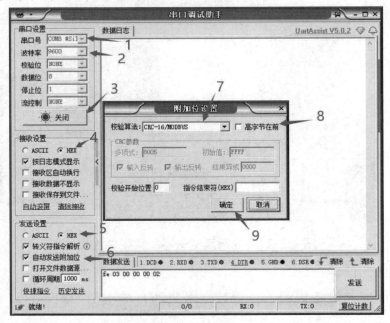

图 1-2-23　串口调试助手配置

① 选择串口号。

② 波特率为 9600，可参考说明书获得。

③ 打开串口连接。

④ 接收设置为 HEX 格式。

⑤ 发送设置为 HEX 格式。

⑥ 勾选"自动发送附加位"复选框，该项设置可以自动计算 CRC16 校验码。

⑦ 附加位设置校验算法为 CRC-16/MODBUS。

⑧ 取消勾选"高字节在前"复选框（这点可以通过查阅设备说明书的指令说明获取）。

⑨ 确定设置信息。

（3）判断传感器性能好坏。

完成了上述的设置后，就可以发送指令获取光照数值。如图 1-2-24 所示，由于设置了串口调试工具是用 HEX 格式（十六进制）发送的，因此可以将指令中每个字节前的 0x 去掉，同时由于设置了自动发送附加位（CRC-16/MODBUS），所以需要将指令中的最后两个 CRC16 校验码去掉。最后的测试指令：

```
fe 03 00 00 00 02
```

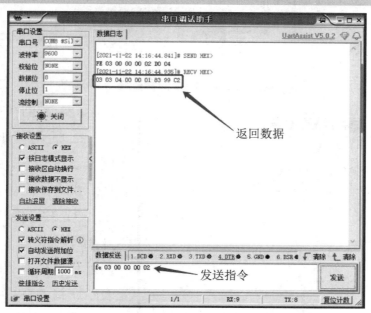

图 1-2-24 发送光照数据查询指令

设备性能在正常情况下：指令发送后，设备会返回一串数据给串口调试工具，如 03 03 04 00 00 01 83 99 C2，根据设备说明书中的指令说明可知，其中 00 00 01 83 为传感器的数据（转换成十进制数就是 387lx）。

当改变传感器接收的光照强度时，接收到的数据也会变化。如果设备没有返回数据，或者数据不会变化，则可以判定设备为不良品。光照度变送器查询地址指令如表1-2-3所示。

表1-2-3 光照度变送器查询地址指令

查询数据	地址	功能码	起始寄存器地址高	起始寄存器地址低	寄存器长度高	寄存器长度低	CRC16低	CRC16高
	0xFE	0x03	0x00	0x00	0x00	0x02	0xD0	0x04
返回数据	地址	功能码	数据长度	寄存器0数据高位		寄存器0数据低位	CRC16低	CRC16高
	0x01	0x03	0x04	0x00 0x00		0x01 0x83	0x99	0xC2

3. 检测二氧化碳变送器性能

（1）连接硬件线路。

将二氧化碳变送器的RS485接口连接至计算机，如图1-2-25所示。

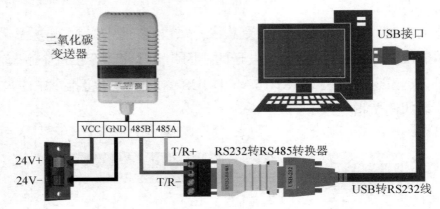

图1-2-25 二氧化碳变送器配置硬件连接

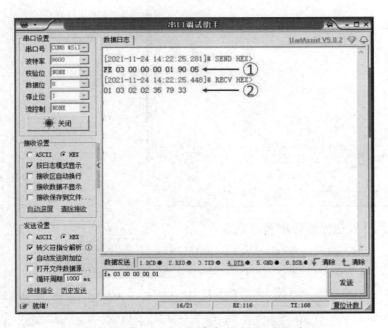

图1-2-26 二氧化碳变送器测试指令

（2）判断传感器性能好坏。

二氧化碳变送器测试指令如图1-2-26所示，二氧化碳变送器查询地址指令如表1-2-4所示。

① 发送查询数据指令，因为刚开始不知道二氧化碳变送器的设备地址是多少，所以使用FE代替，FE表示广播的意思。

② 返回指令。其中第4位和第5位的数值02和35表示的就是目前环境中的二氧化碳数值，若将数字换算成十进制数，以上数据则表示二氧

化碳的浓度为 565ppm[①]。

表 1-2-4　二氧化碳变送器查询地址指令

查询数据	地址	功能码	起始寄存器地址高	起始寄存器地址低	寄存器长度高	寄存器长度低	CRC16 低	CRC16 高
	0xFE	0x03	0x00	0x00	0x00	0x01	0x90	0x05
返回	地址	功能码	数据长度	寄存器 0 数据高位	寄存器 0 数据低位		CRC16 低	CRC16 高
	0x01	0x03	0x02	0x02	0x35		0x79	0x33

　　二氧化碳变送器在性能正常的情况下测量的数值要能随环境二氧化碳含量的变化而变化，由于没有专业仪器作数值参考，因此只要获取的二氧化碳数值不是最高、最低或不变，就能表明该变送器性能良好。

📖 任务小结

　　本次任务相关知识的思维导图如图 1-2-27 所示。

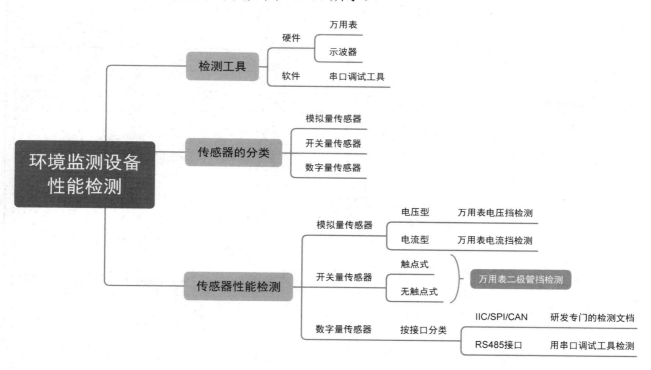

图 1-2-27　任务 2　环境监测设备性能检测思维导图

🎓 任务拓展

　　根据所学知识，判断所提供的实训套件设备中红外对射传感器和温湿度传感器分别属于哪种类型的传感器，并完成对这两个传感器的性能检测。

---

① 此处 ppm 为软件自带单位。ppm 是百万分率，定义为百万分之一。

任务工单

项目 1　智慧农业——环境监测系统设备检测与安装	任务 2　环境监测设备性能检测

一、本次任务关键知识引导

1. 检测物联网硬件设备性能的工具主要有（　　　　　）、（　　　　　）、（　　　　　）等。

2. 万用表中 NCV 挡的意思是（　　　　　），相当于感应电笔，可以不用破皮可知电线电缆是否有电。

3. 万用表重在（　　　　　），示波器重在（　　　　　）。

4. 串口调试工具需要配置的参数有（　　　　　）、（　　　　　）、校验位、数据位、停止位、流控制、数据发送格式和数据接收格式。

5. 传感器按输出信号的性质分类，可分为（　　　　　）、（　　　　　）和（　　　　　）。

6. 模拟量传感器输出的标准信号主要为（　　　）、（　　　）、（　　　）、（　　　）。

7. 开关量传感器根据工作原理分类，可以分为（　　　）和（　　　）两种。

8. RS485 传输采用的是（　　　　　）信号传输方式。

9. 触点式开关量传感器共有 3 个引脚，分别是（　　　）。

A. NA、NC、COM　　　　B. NO、NB、COM　　　　C. NO、NC、COM　　　　D. NA、NB、NC

二、任务检查与评价

评价方式	可采用自评、互评、教师评价等方式			
说　　明	主要评价学生在项目学习过程中的操作技能、理论知识、学习态度、课堂表现、学习能力等			
序号	评价内容	评价标准	分值	得分
1	知识运用（20%）	掌握相关理论知识，完成本次任务关键知识引导的作答准确率（20分）	20分	
2	专业技能（40%）	正确完成"准备设备和资源"操作（+5分）	40分	
		正确完成温湿度变送器的性能检测（+15分）		
		正确完成光照度变送器的性能检测（+10分）		
		正确完成二氧化碳变送器的性能检测（+10分）		
3	核心素养（20%）	具有良好的自主学习、分析解决问题、帮助他人的能力，整个任务过程中指导过他人并解决过他人问题（20分）	20分	
		具有较好的学习能力和分析解决问题的能力，任务过程中未指导过他人（15分）		
		具有主动学习并收集信息的能力，遇到问题请教过他人并得以解决（10分）		
		不主动学习（0分）		
4	职业素养（20%）	实验完成后，设备无损坏、设备摆放整齐、工位区域内保持整洁、未干扰课堂秩序（20分）	20分	
		实验完成后，设备无损坏、未干扰课堂秩序（15分）		
		未干扰课堂秩序（10分）		
		干扰课堂秩序（0分）		
总得分				

物联网设备安装与调试

任务 3 环境监测系统设备安装与配置

✿ 职业能力目标

- 具备根据需要配置传感器的能力。
- 具备配置物联网中心网关设备获取 RS485 传感器数据的能力。

⏰ 任务描述与要求

任务描述： 按公司安排，你需要根据图 1-3-1 所示设备安装连线拓扑图完成智慧大棚环境监测系统的设备安装与配置。

任务要求：

- 完成所有传感器的通信地址配置。
- 按照设备安装连线拓扑图完成硬件环境安装和连线。
- 正确配置物联网中心网关，要求物联网中心网关能成功采集到所有传感器的数值。

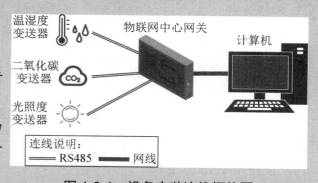

图 1-3-1　设备安装连线拓扑图

🖥 知识储备

1.3.1　设备安装技术基础

1. 设备安装规范要求

（1）设备安装选点。

设备安装位置通常在设计文档、施工图纸中会有标注，但从项目设计阶段到施工阶段，现场环境可能存在变动，同时设计文档根据不同行业、不同项目特性，标注的精确度也不同，所以通常还需要在资料标注设备安装位置基础上，结合项目施工时的实际情况进行选点安装。

例如，某智慧水利项目中设计在某条河道建设 1 个自动流量监测站，设计文档中提供自动流量监测站安装的经纬度和站点在地图中的点位图，但由于坐标系转换和经纬度测量工具测量精度的不同，因此存在坐标偏移情况，项目在实施过程中仍需要到现场按文档提供的经纬度，结合采购设备的特性和现场实际情况，明确设备安装的准确位置和安装方法，再进行安装。

设备安装选点通常需要考虑的因素如下：

① 国家、行业标准与规范规定的设备布设距离、密度等要求。

② 设计文档中设备测量范围、测量精度对设备安装的要求。

③ 设备厂商提供的设备选点及安装的相关要求。

④ 现场环境（供电、通信、防雷、维护等）的要求。

（2）设备安装的方式。

常见设备安装的方式有立杆式安装、壁挂式安装、吊顶式安装、导轨式安装等，其中壁挂式安装、吊顶式安装、导轨式安装，通常选择厂家设备配备的结构件进行安装，立杆式安装通常根据现场情况和设备安装规范的要求选择不同的立杆标准进行安装。

（3）规范布线。

安装设备时的连接线应该横平竖直，变换布线走向时应垂直布放，线的连接布放应牢固可靠、整洁美观。连接设备的电源线和信号线之间需要有一定的间隔距离，避免互相干扰，导致信号传递错误。连接线路的连接线中间尽量不要有接头，连接接头只能在设备的接线端子上，接线端子上的连接线应该紧压在端子里面。铜线芯不要暴露在外面，且接线端子不能压到绝缘层，会引起接触不良，导致设备无法供电或信号传递错误等情况出现。

电源线一般采用红黑线进行布线，红线连接电源正极，黑线连接电源负极。信号线一般采用黄、蓝、绿颜色的线进行布线。

2. 设备安装常用工具

要安装设备，就需要使用到安装工具，正确使用安装工具能大幅度提高设备安装进度和安装质量。物联网设备的安装工作主要是固定设备和对导线进行处理连接，因此常用的工具有螺丝刀、斜口钳、剥线钳、尖嘴钳、六角螺丝刀和活动扳手，如表 1-3-1 所示。

表 1-3-1 常用工具表

序号	工具名称	作用	示意图
1	螺丝刀	常用的螺丝刀有一字螺丝刀和十字螺丝刀，要根据螺钉顶部的开槽及尺寸来选择合适的螺丝刀。若按顺时针方向旋转则拧紧，若按逆时针方向旋转则拧松	
2	斜口钳	斜口钳主要用于剪切导线，也可用来剖切软电线的塑料或橡皮绝缘层	

续表

序号	工具名称	作用	示意图
3	剥线钳	剥线钳广泛用于工地、车间、家庭等环境，主要用于电工剥削小导线头部表面绝缘层，部分剥线钳还有断线口可剪切铜线、铝线、软性铁线	
4	尖嘴钳	尖嘴钳钳柄上套有绝缘套管，是一种常用的钳形工具。它主要用来剪切线径较细的单股线与多股线，以及给单股线接头弯圈、剥塑料绝缘层等，能在较狭小的工作空间操作，不带刃口者只能进行夹、捏工作，带刃口者能剪切细小零件	
5	六角螺丝刀	六角螺丝刀主要应用于电子、机械设备等，六角螺丝刀的优点是方便紧固、拆卸，不易滑角。六角螺丝刀的螺丝头是六边形的形状，六角螺丝刀分内六角螺丝刀和外六角螺丝刀两种，内六角螺丝刀的螺丝头呈现的是圆形，中间是凹进去的六边形，外六角螺丝刀的螺丝头边缘呈现六边形的形态	
6	活动扳手	活动扳手是生活中一种常用的安装与拆卸工具，其开口的宽度可在一定范围内调节，是用来紧固和松动不同规格的螺母和螺栓的一种工具	

1.3.2　传感器安装配置

安装传感器设备之前需要先对传感器进行配置。

1. 传感器配置

传感器可以分为模拟量传感器、开关量传感器和数字量传感器，每种类型的传感器的配置方法也不同。

（1）开关量传感器的配置。

开关量传感器的配置主要采用改变设备内部跳针帽的位置，从而改变其信号的输出状态是常闭还是常开，如本项目任务 2 中【知识储备 1.2.4 节】"无触点式开关量传感器检测"中的烟雾传感器。

（2）模拟量传感器的配置。

模拟量传感器通常无法配置，出厂就默认设置好了信号的输出状态。

（3）数字量传感器的配置。

数字量传感器的接口很多，工业中大多数使用 RS485 通信方式，RS485 通信方式主要采用 Modbus 协议。使用 Modbus 协议进行通信的传感器，在使用前需要配置设备地址和通信波特率两个参数。Modbus 协议要求每个设备都需要有一个设备地址，并且不能重复。使用的配置工具通常是串口调试工具或厂家配置工具，然而，不管使用哪一种配置工具，都需要通过阅读厂家提供的设备说明书进行配置。

2．传感器设备安装

对于各类传感器，必须考虑安装在能正确反映传感器性能的位置，同时需要考虑便于调试和维护的地方。

1.3.3　物联网中心网关的功能和分类

物联网的体系架构中，在感知层和网络层之间需要有一个中间设备——物联网中心网关。物联网中心网关既可以用于广域网互联，也可以用于局域网互联。此外，物联网中心网关还需要具备设备管理功能，运营商通过物联网中心网关设备可以管理底层的各感知节点，了解各节点的相关信息，并实现远程控制。

1．物联网中心网关的主要功能

（1）协议转换功能。

协议转换功能是指把其他通信方式的节点数据，如 ZigBee、LoRa、蓝牙，转换成广域网通信。通过 TCP、HTTP、MQTT 传输到物联网平台，变成统一的数据和信令，将上层下发的数据包解析成感知层协议可以识别的信令和控制指令。

（2）可管理功能。

对网关进行管理，如注册管理、权限管理、状态监管等。网关实现子网内的节点的管理，如获取节点的标识、状态、属性、能量等，以及实现远程唤醒、控制、诊断、升级和维护等。因为不同子网的技术标准是不一样的，协议的复杂性也是不同的，所以网关具有的可管理功能也是不同的。

（3）广泛接入功能。

目前，用于近程通信的技术标准有很多，现在国内外已经在展开针对物联网中心网关进行标准化工作，如传感器工作组，实现各种通信技术标准的互联互通。

2．物联网中心网关的分类

网关按功能大致分为三类，每种类型的网关在网络中的拓扑图如图 1-3-2 所示。

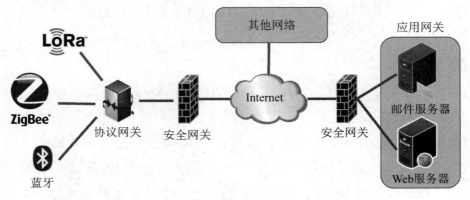

图 1-3-2　网关应用网络拓扑图

（1）协议网关。

协议网关的主要功能是在不同协议的网络之间进行协议转换。通常说的物联网中心网关就是协议网关，如 802.3（Ethernet）、IrDa（红外线数据联盟）、WAN（广域网）和 802.5（令牌环）等，不同的网络具有不同的数据封装格式、不同的数据分组大小、不同的传输率。然而，这些网络之间进行数据共享、交流却是必不可少的。为消除不同网络之间的差异，使得数据能顺利进行交流，需要一个专门的翻译人员，也就是协议网关。通过它使得一个网络能够与其他不同网络连接起来成为一个巨大的因特网。

（2）应用网关。

应用网关主要是针对一些专门的应用而设置的一些网关，其主要作用是将某个服务的一种数据格式转化为该服务的另外一种数据格式，从而实现数据交流。应用网关常作为某个特定服务的服务器，但又兼具网关的功能。最常见的此类服务器就是邮件服务器了。电子邮件有很多种格式，如 POP3、SMTP、FAX、X.400、MHS 等，如果 SMTP 邮件服务器提供了 POP3、SMTP、FAX、X.400 等邮件的网关接口，那么就可以通过 SMTP 邮件服务器向其他服务器发送邮件了。

（3）安全网关。

最常用的安全网关是包过滤器，实际上就是对数据包的原地址、目的地址、端口号和网络协议进行授权。通过对这些信息的过滤处理，让有许可权的数据包传输通过网关，而对那些没有许可权的数据包进行拦截甚至丢弃。这跟软件防火墙有一定意义上的雷同之处，但是与软件防火墙相比，安全网关数据处理量大、处理速度快，可以很好地对整个本地网络进行保护而不给整个网络制造瓶颈。

1.3.4 物联网中心网关设备配置

虽然不同厂家的物联网中心网关配置方法不一样，但都有相同之处。由于物联网中心网关主要负责协议转换，因此其主要有用户名登录配置、网络接入配置、设备接入配置、云平台连接配置。

1. 用户名登录配置

用户名登录配置用于配置进入物联网中心网关配置界面的用户名和密码。由于物联网中心网关负责控制和监控设备的运行状态，因此为了设备系统的运行安全，物联网中心网关一般都设置登录账号。默认的登录账号一般在设备说明书中提供，登录成功后，即可根据需要修改物联网中心网关的登录账号信息。下面介绍进入物联网中心网关配置界面的通用步骤。

① 连接好物联网中心网关的网络线。

② 配置计算机与网关为同一网段 IP。

③ 使用浏览器访问物联网中心网关 IP 地址（网关 IP 地址通常会被改动，因此需要复位网关，即可将网关的 IP 地址还原成出厂时的 IP 地址，网关的复位方式需要查阅设备说明书），

如图 1-3-3 所示。

④ 输入用户名和用户密码即可成功登录。

图 1-3-3　登录物联网中心网关配置界面

2. 网络接入配置

网络接入配置用于配置物联网中心网关接入互联网网络。通常物联网中心网关支持以太网和无线两种方式接入互联网，以太网采用有线连接方式，无线采用 WiFi 连接方式。

有线连接方式：使用该方式连接时需要配置 IP 地址、子网掩码、默认网关、DNS 服务器等信息，如图 1-3-4（a）所示。

无线连接方式：使用该方式连接时只要搜索到需要的 WiFi 名称后，单击连接即可，如图 1-3-4（b）所示，采用该方式连接需要先配置好路由器的 WiFi。

	WiFi名称	从1到5表示从弱到强	WiFi频率	WiFi状态	操作
1	"AI-THINKER_CD2716"	5	2.412GHz	已断开	连接 断开
2	"498technology"	4	2.412GHz	已断开	连接 断开
3	"AI-THINKER_4DA85A"	5	2.412GHz	已断开	连接 断开
4	"AI-THINKER_4DA859"	5	2.412GHz	已断开	连接 断开
	"AI-THINKER_C				

（a）有线连接方式　　　　　　　　　　　（b）无线连接方式

图 1-3-4　物联网中心网关网络接入配置方式

3. 设备接入配置

设备接入配置是用来配置物联网中心网关与传感器、无线传感器、执行器等设备的连接。物联网中心网关对设备的接入配置是通过连接器完成的。

连接器用于配置物联网中心网关如何连接到外部系统（如串口服务器、摄像机等）或直接连接到设备（如 Modbus 设备、ZigBee 设备等）。物联网中心网关通常不只与一种外接设备进行通信连接，所以一个物联网中心网关中会有很多个连接器，在配置物联网中心网关时，要根据具体连接的设备选择连接器类型。物联网中心网关连接器说明表如表 1-3-2 所示。

表 1-3-2　物联网中心网关连接器说明表

序号	连接器设备类型	功能说明	支持接入方式		
1	Modbus over Serial	连接 Modbus 协议设备	串口接入	串口服务器接入	网络设备
2	ZigBee over Serial	连接新大陆 ZigBee 协调器	串口接入	串口服务器接入	网络设备
3	LoRa over Serial	连接新大陆 NewSensor 网关	串口接入	串口服务器接入	—
4	CAN over TCP	CAN 总线设备连接器	—	—	网络设备
5	UHF RFID reader	连接 RFID 中距离阅读器设备	串口接入	串口服务器接入	—
6	LED Display	连接 LED 显示屏	串口接入	串口服务器接入	—
7	UHF Desktop	桌面型 USB 超高频读卡器	串口接入	串口服务器接入	—
8	ZigBee 2 MQTT	ZigBee 协议狗，智能家居设备	串口接入	—	—
9	WIEGAND BUS	连接韦根门禁读卡器	串口接入	串口服务器接入	—
10	NLE SERIAL-BUS	连接彩色灯条控制设备	串口接入	串口服务器接入	—
11	NLE MODBUS-RTU SERVER	ModbusRTU 连接器（通用型）	串口接入	串口服务器接入	网络设备
12	NLE NE Collector	新大陆环境云软件	串口接入	串口服务器接入	—
13	NLE REX GATEWAY	连接瑞瀛智能家居网关	串口接入	串口服务器接入	—
14	AI IPC	地平线摄像头	—	—	网络设备
15	OMRON PLC	欧姆龙 PLC 设备	—	—	网络设备
16	HAIDAI Face Recognizer	海带人脸识别设备	—	—	网络设备
17	HAIDAI BRESEE CAMERA	海带车牌识别设备	—	—	网络设备
18	NLE YV SHI CAMERA	宇视人脸识别设备	—	—	网络设备

网关中的连接器通常不是固定的，会随着设备的升级而增加或减少。对于物联网中心网关的连接器要配置为哪一种接入方式，需要根据设备实际与网关的连接方式进行选择。

- **串口接入**：设备直接与物联网中心网关的 USB 口或 RS485 接口连接时使用。
- **串口服务器接入**：设备通过串口服务器设备与物联网中心网关进行通信连接时使用。
- **网络设备**：设备采用以太网方式与物联网中心网关进行通信时使用。

4．云平台连接配置

云平台连接配置用于配置物联网中心网关与物联网云平台的对接，从而实现物联网中心网关能上传数据至物联网云平台和从云平台上获取数据。

物联网中心网关要连接物联网云平台，通常需要配置的信息有连接方式、云平台地址、云平台端口、网关标识、连接安全密钥等。

下面对每一项配置信息进行说明。

① 连接方式：用于配置物联网中心网关采用哪种通信协议和云平台连接。

② 云平台地址：设置物联网云平台所在服务器的 IP 地址。

③ 云平台端口：设置物联网云平台所在服务器的连接端口，一个服务器是可以有很多个端口的，并不是服务器上的每个端口都是物联网云平台，这里需要配置物联网中心网关具体要连接的是服务器上的哪个端口。

④ 网关标识：类似于身份证，物联网云平台是通过网关标识找到物联网中心网关设备的。

⑤ 连接安全密钥：安全身份码，目的是防止非法设备接入物联网云平台。

物联网中心网关的连接方式如图 1-3-5 所示。

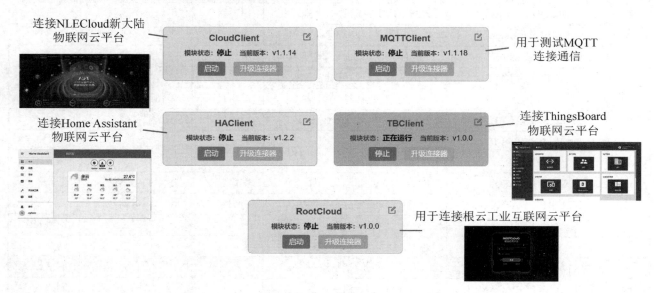

图 1-3-5　物联网中心网关的连接方式

任务实施

任务实施前必须先准备好以下设备和资源。

序号	设备/资源名称	数量	是否准备到位（√）
1	温湿度变送器	1 个	
2	二氧化碳变送器	1 个	
3	光照度变送器	1 个	
4	物联网中心网关	1 个	
5	USB 转 RS232 线	1 根	
6	RS232 转 RS485 转换器	1 个	
7	网线	1 根	

本次任务使用到物联网中心网关设备，物联网中心网关硬件接口说明图如图 1-3-6 所示。

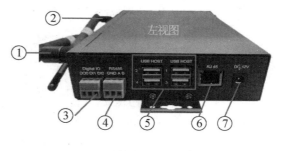

①蓝牙天线。
②WiFi天线。
③DI0引脚，与GND短接5s以上可复位网关IP地址。
④RS485接口，用于连接RS485接口设备。
⑤4个USB接口，可连接USB转RS232线。
⑥RJ45接口，连接网络线，用于联网使用。
⑦DC-12V接口，电源口。
⑧设备运行指示灯。
⑨MASKROM，预留接口。
⑩RST，预留接口。
⑪HDMI，外接显示屏使用。
⑫OTG，烧写网关固件使用。
⑬LOADER，烧写网关固件使用。

图 1-3-6　物联网中心网关硬件接口说明图

1．配置传感器

本次任务使用到的传感器是温湿度变送器、二氧化碳变送器和光照度变送器三个设备，为这些传感器配置设备地址和通信的波特率，这里将按表 1-3-3 所示信息配置三个变送器。

表 1-3-3　三个变送器的配置规划表

设备名称	设备地址	波特率/（bit/s）
温湿度变送器	1	9600
二氧化碳变送器	2	9600
光照度变送器	3	9600

（1）温湿度变送器配置。

将温湿度变送器的 RS485 接口连接至计算机，如图 1-3-7 所示。

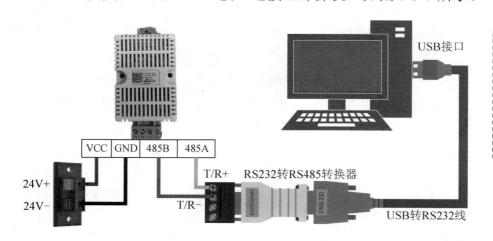

> **温馨提示**
>
> 设备地址可以自行定义，只要确保设备地址不重复即可。

图 1-3-7　温湿度变送器配置硬件连接

使用设备厂家提供的配置工具完成温湿度变送器的配置，如图 1-3-8 所示。

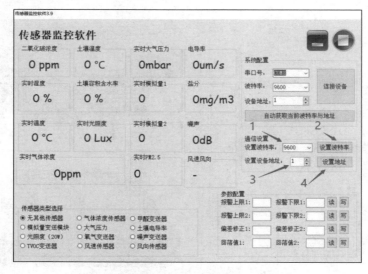

图 1-3-8　温湿度变送器配置软件操作

（2）二氧化碳变送器配置。

参考温湿度变送器与计算机的连接方式完成二氧化碳变送器的连接。运行串口调试工具，使用表 1-3-4 完成地址配置。串口调试工具的配置操作可阅读本项目任务 2 中 1.2.5 节。二氧化碳变送器地址修改指令如图 1-3-9 所示。

表 1-3-4　二氧化碳变送器查询地址指令

查询地址	地址	功能码	起始寄存器地址高	起始寄存器地址低	寄存器长度高	寄存器长度低	CRC16 低	CRC16 高
	0xFE	0x03	0x00	0x00	0x00	0x01	0x90	0x05
返回	地址	功能码	数据长度	寄存器 0 数据高位		寄存器 0 数据低位	CRC16 低	CRC16 高
	0x01	0x03	0x02	0x02		0x35	0x79	0x33
修改地址	原地址	功能码	预留 1	预留 2	预留 3	新地址	CRC16 低	CRC16 高
	0x01	0x06	0x00	0x00	0x00	0x02	0x08	0x0B

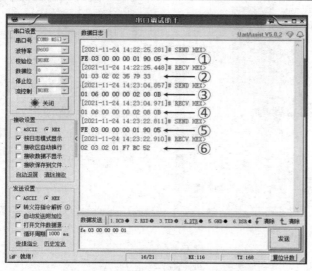

图 1-3-9　二氧化碳变送器地址修改指令

① 发送查询设备地址指令，因为刚开始不知道二氧化碳变送器的设备地址是多少，所以使用 FE 代替，FE 为广播地址。

② 返回指令，这时可以确认设备地址为 01。

③ 发送修改地址指令，将 01 地址修改为 02。

④ 返回指令。

⑤ 重新发送查询设备地址指令，目的是确认地址是否修改成功。

⑥ 返回指令，返回地址必须是 02。

（3）光照度变送器配置。

光照度变送器需要使用串口调试工具进行配置，设备连线可阅读本项目任务 2 中 1.2.5 节。本次光照度变送器地址修改指令如图 1-3-10 所示，光照度变送器查询地址指令如表 1-3-5 所示。

① 发送查询设备地址指令。

② 返回指令，这时可以确认设备地址为 01。

③ 发送修改地址指令，将 01 地址修改为 03。

④ 返回指令。

⑤ 重新发送查询设备地址指令，目的是确认地址是否修改成功。

⑥ 返回指令，返回地址必须是 03。

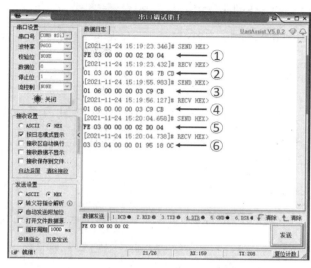

图 1-3-10 光照度变送器地址修改指令

表 1-3-5 光照度变送器查询地址指令

查询地址	地址	功能码	起始寄存器地址高	起始寄存器地址低	寄存器长度高	寄存器长度低	CRC16 低	CRC16 高
	0xFE	0x03	0x00	0x00	0x00	0x02	0xD0	0x04
返回数据	地址	功能码	数据长度	寄存器 0 数据		寄存器 1 数据	CRC16 低	CRC16 高
	0x01	0x03	0x04	0x00 0x00		0x01 0x96	0x7B	0xCD
修改地址	原地址	功能码	预留 1	预留 2	预留 3	新地址	CRC16 低	CRC16 高
	0x01	0x06	0x00	0x00	0x00	0x03	0xC9	0xCB

2. 搭建硬件环境

传感器配置完成后，按图 1-3-11 所示完成设备安装和连线，要求设备安装整齐美观，接线遵循横平竖直和就近原则。

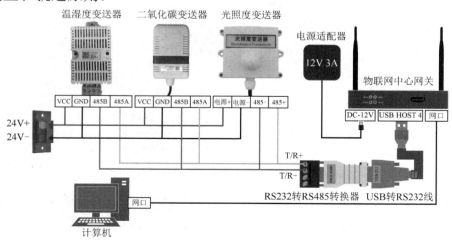

图 1-3-11 环境监测系统设备连线图

3．登录物联网中心网关配置界面

设备安装连线完成后，需要配置物联网中心网关，以下为物联网中心网关的关键配置步骤。

（1）确认物联网中心网关 IP 地址。

物联网中心网关 IP 地址出厂默认为 192.168.1.100，如果已被人改动，则可复位物联网中心网关使其 IP 地址变回出厂 IP 地址。

温馨提示

相关技术问题请查阅本任务【知识储备 1.3.4 节】。

（2）配置计算机 IP 地址。

本次物联网中心网关采用直连计算机的连接方式，中间没有经过路由器，这时两个设备的 IP 地址需要交叉配置，也就是计算机的 IP 地址配置成物联网中心网关的网关地址，计算机的网关地址配置成物联网中心网关的 IP 地址，如图 1-3-12 所示。

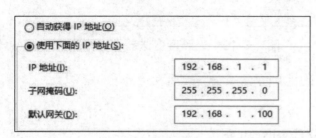

图 1-3-12　计算机 IP 地址配置

（3）登录物联网中心网关。

在浏览器中输入物联网中心网关的默认 IP 地址：192.168.1.100，并输入登录账号（默认用户名：newland，默认用户密码：newland），即可完成登录，如图 1-3-13 所示。

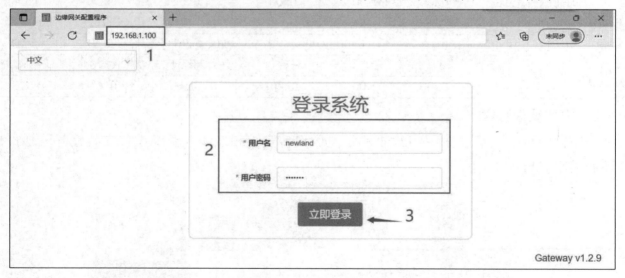

图 1-3-13　登录物联网中心网关

4．配置物联网中心网关

（1）配置连接器。

进入物联网中心网关界面后，单击"配置"→"新增连接器"按钮，进入连接器配置界面，如图 1-3-14 所示，完成连接器添加，其中连接器名称可自行定义。

图 1-3-14　连接器配置

　　注意：串口名称中如果没有显示/dev/ttySUSB4 信息，那么可能原因是被其他连接器占用，或者物联网中心网关的 USB HOST 4 口上没有连接设备。

　　（2）添加传感器。

　　打开连接器中新建的"485 型传感器"栏目，在右边单击"新增"按钮，如图 1-3-15 所示。

　　按照图 1-3-16、图 1-3-17 和图 1-3-18 所示，完成温湿度变送器、二氧化碳变送器、光照度变送器的添加，其中设备名称和标识名称可自定义。

　　由于温湿度变送器中包含温度和湿度的数据，所以下一步需要对其进行进一步配置。按照图 1-3-19、图 1-3-20 和图 1-3-21 所示，完成温度传感器和湿度传感器的添加，其中传感名称和标识名称可自定义。

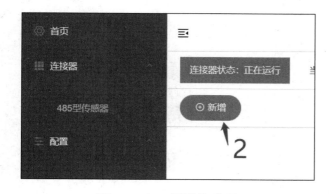

图 1-3-15　新增传感器

图 1-3-16　新增温湿度变送器

图 1-3-17　新增二氧化碳变送器

图 1-3-18　新增光照度变送器

图 1-3-19　配置温湿度变送器

图 1-3-20　新增温度传感器

图 1-3-21　新增湿度传感器

5. 测试功能

最终效果要能在物联网中心网关的"数据监控"界面中看到二氧化碳、光照度、温度、湿度的数值，如图 1-3-22 所示。

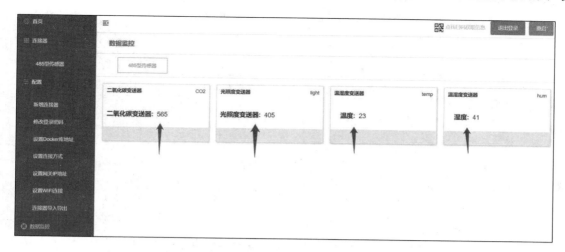

图 1-3-22　环境监测系统效果界面

📖 任务小结

本次任务相关知识的思维导图如图 1-3-23 所示。

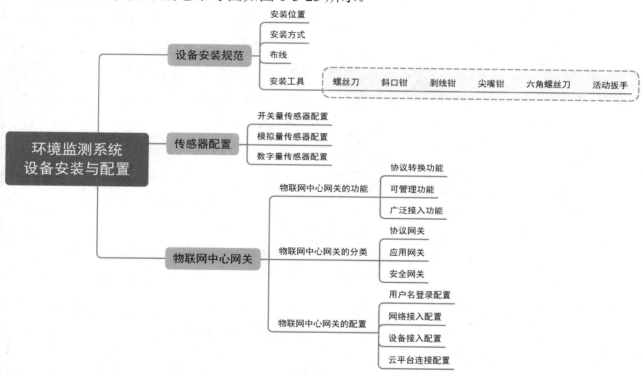

图 1-3-23　任务 3　环境监测系统设备安装与配置思维导图

🎓 任务拓展

将上述实验中物联网中心网关连接传感器的端口从 USB HOST 4 改成 RS485，要求根据学过的知识正确搭建硬件环境，最终要求物联网中心网关能正确获取所有传感器数值。

> **知识链接**
>
> 相关技术问题请查阅本项目任务 2【知识储备 1.2.5 节】。

💡 任务工单

项目 1　智慧农业——环境监测系统设备检测与安装	任务 3　环境监测系统设备安装与配置

一、本次任务关键知识引导

1. 常见的设备安装方式有（　　　　）、（　　　　）、（　　　　）、（　　　　）等。

2. 外六角螺丝刀的螺丝头边缘呈现（　　　　）的形态。

3. 使用 RS485 通信方式的数字量传感器，主要采用（　　　　）协议。

4. 物联网中心网关既可以用于（　　　　）互联，也可以用于（　　　　）互联。

5. 物联网中心网关的主要功能是（　　　　）、（　　　　）、（　　　　）。

6. 网关按功能大致可以分为（　　　　）、（　　　　）、（　　　　）三类。

7. 对物联网中心网关进行配置前，需要先连接计算机与物联网中心网关之间的（　　　　）线。

8. 通常物联网中心网关支持（　　　　）和（　　　　）两种方式接入互联网。

9. 用于配置物联网中心网关是如何连接到外部系统设备的组件是（　　　　）。

10. 如果温湿度变送器的设备地址是 3，那么在物联网中心网关的连接器中需要将温湿度变送器的设备地址配置为（　　　　）。

　　A. 1　　　　　　B. 2　　　　　　C. 3　　　　　　D. 4

二、任务检查与评价

评价方式	可采用自评、互评、教师评价等方式		
说　明	主要评价学生在项目学习过程中的操作技能、理论知识、学习态度、课堂表现、学习能力等		
序号	评价内容	评价标准	分值	得分
1	知识运用（20%）	掌握相关理论知识，完成本次任务关键知识引导的作答准确率（20分）	20分	
2	专业技能（40%）	正确完成"准备设备和资源"操作（+5分）	40分	
		正确完成温湿度变送器的参数配置（+5分）		
		正确完成二氧化碳变送器的参数配置（+5分）		
		正确完成光照度变送器的参数配置（+5分）		
		正确完成"搭建硬件环境"操作（+5分）		
		正确完成"配置物联网中心网关"操作（+5分）		
		正确完成"测试功能"操作（+10分）		
3	核心素养（20%）	具有良好的自主学习、分析解决问题、帮助他人的能力，整个任务过程中指导过他人并解决过他人问题（20分）	20分	
		具有较好的学习能力和分析解决问题的能力，任务过程中未指导过他人（15分）		
		具有主动学习并收集信息的能力，遇到问题请教过他人并得以解决（10分）		
		不主动学习（0分）		
4	职业素养（20%）	实验完成后，设备无损坏、设备摆放整齐、工位区域内保持整洁、未干扰课堂秩序（20分）	20分	
		实验完成后，设备无损坏、未干扰课堂秩序（15分）		
		未干扰课堂秩序（10分）		
		干扰课堂秩序（0分）		
总得分				

项目 2

智能制造——生产线运行管理系统安装与调试

引导案例

目前，我国是制造业大国，不但规模庞大，而且体系健全，拥有完整的产业链。但是我国制造业却一直面临着一个尴尬的问题——大而不强，我国制造业长期以来都靠规模优势和成本优势发展，往往采用价格战打法，产业链附加值不高，赚的都是辛苦钱。这种模式已经受到了越来越多的挑战，一边是外国品牌强势进入我国市场，另一边是东南亚低成本优势日益凸显，在"双面夹击"的困境中，我国制造业转型迫在眉睫。

目前，以新型传感器、智能控制系统、工业机器人、自动化成套生产线为代表的智能制造装备产业体系在我国已经逐步形成。另外，我国制造业数字化具备一定的基础。目前，有规模的工业企业在研发设计方面应用数字化工具普及率已达 54%，生产线上数控装备比重已达 30%。图 2-0-1 所示为智能生产线与传统生产线对比图。

但是，我国制造业发展整体上还处于机械自动化向数字自动化过渡阶段，如果以德国工业 4.0 作为参照，那么比较一致的看法是我国总体上还处于 2.0 时代，部分企业正在向 3.0 时代迈进。

现有一家企业要对一条旧生产线进行智能化试点改造，要求能透明化监控生产线的工作状况。对于客户的要求，公司设计了一个解决方案。

方案涉及的主要事项如下：

- 为保证智能生产线控制系统的通信可靠，整体系统设备间的通信采用有线连接方式。
- 使用物联网中心网关技术实现对智能化生产线的本地管理和控制。
- 运用物联网云平台技术实现对整个生产线的远程智能化监控管理。
- 本次项目使用的设备全部为工业级设备，从而保证系统运行稳定。

图 2-0-1　智能生产线与传统生产线对比图

生产线控制系统安装与调试

🛰 职业能力目标

- 具备阅读设备接线图，正确、规范接线的能力。
- 具备调试 RS485 网络的能力。

⏰ 任务描述与要求

　　任务描述：此次生产线智能化改造涉及生产线控制系统和生产线运行数据采集系统两部分，涉及的设备和线路较为复杂，需要进行分解安装。这里先进行设备控制部分的安装和调试。

　　任务要求：

- 正确阅读和理解设备接线图，完成设备的安装。
- 正确配置数字量采集控制器设备和物联网中心网关设备。
- 实现通过物联网中心网关设备控制执行设备操作。

🖥 知识储备

2.1.1　识读设备接线图

　　要读懂设备接线图，首先需要知道每个符号代表的意思，完整的电气符号有上百种，其中有很多是平时很少会使用到的。物联网中常用电气符号如图 2-1-1 所示。

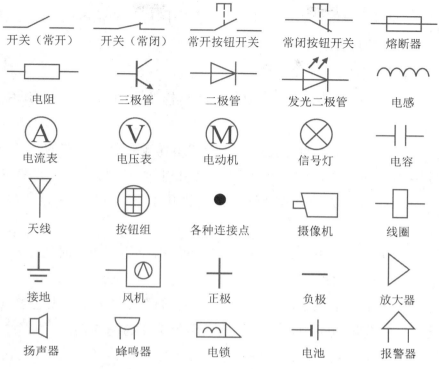

图 2-1-1 物联网中常用电气符号

1. 图纸组成结构

一张完整的设备接线图由标题栏、会签栏、图框栏、边框线等组成，如图 2-1-2 所示。

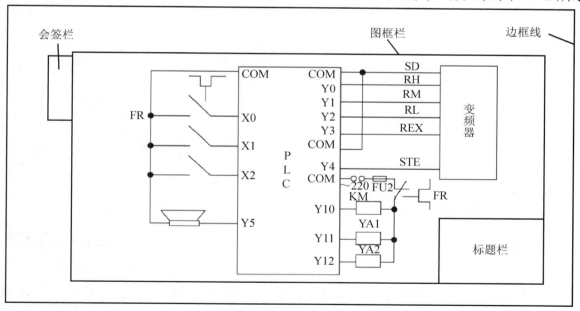

图 2-1-2 图纸组成结构

标题栏： 用来确定图纸的名称、图号、张次、更改和有关人员签署等内容，一般位于图纸的下方或右下方。

会签栏： 指图纸上由会签人员填写所代表的有关专业、姓名、日期等的表格，不需要会签的图纸可不设会签栏。

图框栏：用于标明接线图的大小，接线图必须在图框栏的范围内。

边框线：整张图纸的边界。

2. 设备接线图识读技巧

设备接线图在绘制的时候会遵循一定的规范，这样便于识图者理解图纸中所绘制的内容，下面列举了一些识读的技巧。

（1）通常图纸中电路或元件的位置是按功能和工作顺序进行布置的。

（2）在设备接线图中，通常同一种电器一般用相同的字母表示，但在字母的后边加上数码或其他字母以示区别。例如，两个继电器分别用 KM1、KM2 表示，或用 KMF、KMR 表示。

（3）设备的状态通常都是按常态给出的，常态是指设备未通电时的状态，对按钮、行程开关等则是指未受外力作用时的状态。

（4）在原理图中两条交叉导线的表示方法，有直接联系的交叉导线连接点用黑圆点表示；无直接联系的交叉导线连接点不用黑圆点表示或用半圆弧跨越连接。

（5）设备接线图较为复杂时，建议采用分功能识图。

想一想：图 2-1-3 中的 5 组 A、B 导线，两根导线连接在一起的是哪几组？答案在本书配套资源中。

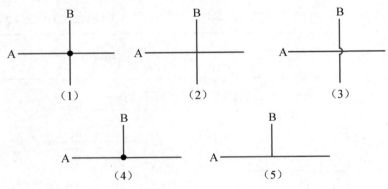

图 2-1-3　5 组 A、B 导线

2.1.2　执行设备

在智能生产线中，安装有很多的执行设备，如风扇、三色警示灯、显示屏等。什么是执行设备呢？

执行设备是指接收控制器的控制信号，从而改变自身设备的运行状态，达到用户所需效果的设备。执行设备属于物联网系统架构中的感知层，通常一个物联网应用系统控制执行器运行后，还需要收集执行器的运行状态信息。因为控制系统发送信号给执行器工作，不代表执行器就能正确执行控制系统的命令，所以会在执行设备上安装一些传感器，或者根据执行器运行后的环境数据进行判断执行器是否正常运转。

1．执行设备性能检测

在工程施工中执行设备的性能检测，通常采用直接供电的方式检测设备性能的好坏，只要直接给设备供上对应的电源，看设备的运行效果是否符合说明书要求即可。常用物联网设备供电检测方法如表 2-1-1 所示。

表 2-1-1　常用物联网设备供电检测方法

序号	设备名称	样图	检测方法
1	报警灯		通常有 2 根引线，按说明书连接上电后报警灯闪烁，说明设备性能良好
2	三色警示灯		通常有 4 根引线，1 根引线是公共线，其他 3 根引线分别对应红、黄、绿 3 个灯，3 个灯逐个按说明书正确连接上电后对应灯点亮，说明设备性能良好
3	推杆电动机		通常有 2 根引线，正接电动机正转、反接电动机反转，因此，按说明书正确连接上电后推杆伸长，反接推杆缩回，说明设备性能良好
4	风扇		通常有 2 根引线，按说明书正确连接后风扇旋转，反接风扇不转，说明设备性能良好

2．继电器

工业中控制器设备通常输出的信号是低电平信号或小电流信号，用一个低电平或小电流信号去控制执行设备，如 220V 的灯泡工作，显然是不可能的，在现实中又是如何实现的呢？这里需要用到继电器设备。

继电器（Relay）是一种电控制器件，它是一种当有输入信号时，会控制输出电路发生变化的电器。它能使控制系统（又称输入回路）和被控制系统（又称输出回路）之间产生互动关系。在物联网中，通常用继电器实现小电流控制大电流的运作。

继电器的类型很多，如电磁继电器、固体继电器、时间继电器等，其中用得较多的是电磁继电器。电磁继电器是利用输入回路内电流在电磁铁铁芯与衔铁间产生的吸力作用而工作的一种继电器。图 2-1-4 所示为电磁继电器的内部工作原理图。

① 上半部分属于输出回路，通常用于连接负载，

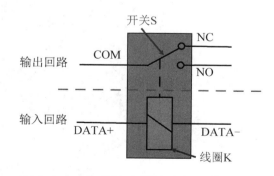

图 2-1-4　电磁继电器的内部工作原理图

如灯泡、风扇等。

② 下半部分属于输入回路，通常用于连接控制器设备，如数字量采集控制器等。

③ 输入回路由一个线圈 K 组成，当线圈流过电流时，也就是两端 DATA+和 DATA-存在电压差时，线圈就会产生磁场，从而控制输出回路中的开关 S 工作，当电流消失后，开关 S 复原。

④ 输出回路主要由开关 S 组成，其有三个引脚，分别是公共脚（COM）、常闭脚（NC）和常开脚（NO），常闭脚（NC）默认与公共脚（COM）连通，常开脚（NO）默认与公共脚（COM）断开。

图 2-1-5 所示为一款典型的电磁继电器，图 2-1-6 所示为该电磁继电器的引脚接线图，接线图一般会丝印在电磁继电器的外壳上。从引脚接线图可以得知，该电磁继电器有 2 组开关，同时在线圈的两端还加了一只发光二极管，该发光二极管的作用是指示电磁继电器的工作状态。

图 2-1-7 所示为电磁继电器支持的工作电压和电流，通常电磁继电器线圈支持的工作电压较低，一般为 DC 24V 或 DC 5V，而电磁继电器中开关因为要接负载，所以一般都支持 220V 交流电、10A 电流。10A 的电流跟平时用的拖线板支持的电流是一样大的。

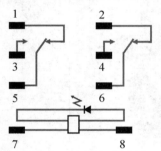
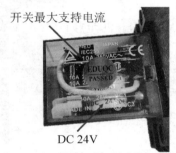

图 2-1-5　一款典型的电磁继电器　　图 2-1-6　引脚接线图　　图 2-1-7　电磁继电器支持的工作电压和电流

图 2-1-8 所示为继电器与负载常用接线图，这里只用到继电器中的一组开关。

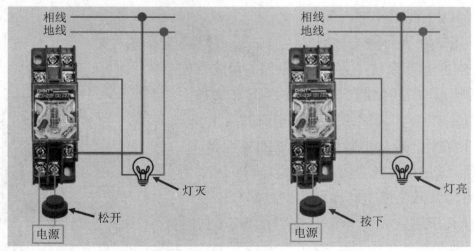

图 2-1-8　继电器与负载常用接线图

2.1.3 自锁和互锁控制技术

在工业控制中，有时为了电气安全和电气功能需要，会使用到自锁和互锁控制技术。而要实现自锁和互锁功能需要用到继电器的辅助触点来完成，首先需要明白什么叫作自锁和互锁。

1．自锁技术

自锁：实现在按下启动按钮后，继电器的接触器执行动作，当松开启动按钮后，继电器的接触器不会失电断开，而会继续处于执行状态。那么要如何实现呢？

图 2-1-9 所示为继电器自锁接线图。当启动按钮被按下后，灯泡点亮，这时断开启动按钮，灯泡还会继续点亮，除非断开停止按钮。

从图 2-1-9 中可知，自锁就是在接触器线圈得电后，利用自身的常开辅助触点③和⑤保持回路的接通状态，一般对象是对自身回路的控制。如果把常开辅助触点与启动按钮并联，那么，当启动按钮被按下后，接触器动作，常开辅助触点③和⑤闭合，进行状态保持，此时

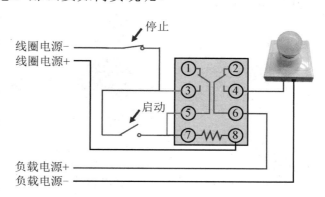

图 2-1-9 继电器自锁接线图

再松开启动按钮，接触器也不会失电断开。通常，除了启动按钮和常开辅助触点并联，还要串联一个按钮，起停止作用。

2．互锁技术

互锁：实现 2 个回路在同一时刻只有一个回路能正常工作，另一个回路无法工作，从而保证电路安全。

图 2-1-10 所示为继电器互锁接线图。当开关 1 被按下后，负载 1 灯亮，此时按下开关 2，负载 2 灯不亮，除非开关 1 断开，开关 2 才能控制负载 2 灯亮。同样，当开关 2 被按下后，负载 2 灯亮，这时开关 1 起不到作用。

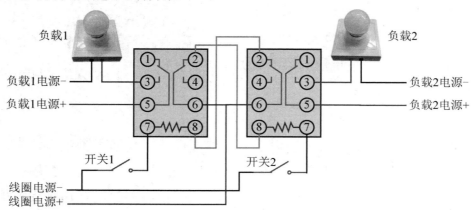

图 2-1-10 继电器互锁接线图

互锁就是通过控制对方线圈的供电方式，如继电器 2 的线圈是通过继电器 1 的常闭触点后才接通电源的，如果继电器 1 一旦动作，那么继电器 2 的常闭触点就断开，这时继电器 2

的线圈就无法供电，继电器 2 也就永远不会动作，除非继电器 1 的动作取消，这就是互锁。图 2-1-10 就是由一个继电器控制另一个继电器动作的例子。

2.1.4 数字量采集控制器

在一个物联网应用场景中通常会连接多个执行设备，而物联网中心网关的有线通信接口又是有限的，所以这时可以使用数字量采集控制器。图 2-1-11 所示为数字量采集控制器的应用拓扑图。

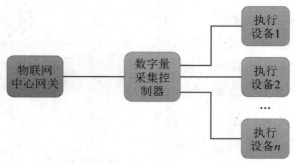

图 2-1-11 数字量采集控制器的应用拓扑图

数字量采集控制器的接口按功能分类，其接口类型主要有三种：数据采集接口、控制接口和通信接口。

1．数据采集接口

数字量采集控制器采集的是开关量传感器的数据，数字量采集控制器通常采用的是低电平触发方式，即当感应到该引脚为 0 信号时，就认为该引脚有信号输入。这种采用低电平触发方式的好处在于提高设备信号采集的准确性，因为传感器信号在传输过程中是会衰减的，所以要采用高电平触发。如果信号线太长或衰减太严重则会造成信号误判，以为没有接收到信号。

数字量采集控制器的数据采集接口通常由 2 个引脚组成，分别为 1 个正引脚和 1 个负引脚，正引脚用于接收传感器数据，负引脚用于和传感器设备接地，目的是保证设备间的等电位。接口的标识一般用 DI 表示，数字量采集控制器的数据采集接口如图 2-1-12 所示。

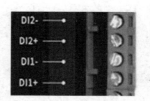

图 2-1-12 数字量采集控制器的数据采集接口

2．控制接口

数字量采集控制器的控制接口是指用于控制外部设备运行的引脚接口，如控制继电器、灯泡、风扇等设备运行。控制接口输出的信号一般都是采用开关信号，使用低电平输出的，即引脚要输出信号时，该引脚会输出 0V 电压。另外，目前很多控制接口都支持配置为控制输出延迟功能，也就是可以配置输出接口在输出信号以后继续保持一段时间，再变回原本状态，该功能一般默认为关闭状态，需要根据设备说明书进行配置后才能使用。数字量采集控制器的控制接口如图 2-1-13 所示。

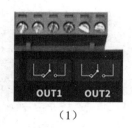
（1）

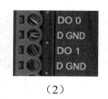
（2）

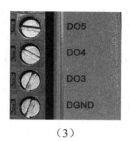
（3）

图 2-1-13　数字量采集控制器的控制接口

图 2-1-13（1）中设备的控制接口有继电器功能，OUT1 口从左到右分别为 NC、COM、NO。

图 2-1-13（2）中设备 DO0、DO1 为控制引脚，DGND 是控制引脚的地引脚，用于保证等电位。

图 2-1-13（3）中设备 DO3、DO4、DO5 为控制引脚，DGND 是控制引脚的地引脚。

3．通信接口

数字量采集控制器通常支持与其他设备协同作业，接口主要采用有线通信方式中的网络接口和总线接口。常见的是使用 RS485 通信接口，该接口支持 Modbus 协议，这样便于设备扩展。根据 Modbus 协议的特点，数字量采集控制器在使用前，需要对设备的"设备地址"和"波特率"参数进行配置。数字量采集控制器的通信接口的配置通常有三种方法：使用设备配置工具配置、使用指令协议配置和使用拨码方式配置，具体使用哪一种方法需要参考设备说明书。

📖 任务实施

任务实施前必须先准备好以下设备和资源。

序号	设备/资源名称	数量	是否准备到位（√）
1	ADAM-4150	1 个	
2	报警灯	1 个	
3	三色灯	1 个	
4	电动推杆	1 个	
5	继电器	5 个	
6	物联网中心网关	1 个	
7	USB 转 RS232 线	1 根	
8	RS232 转 RS485 转换器	1 个	
9	计算机	1 台	
10	电源适配器	1 个	
11	网线	1 根	

1．搭建硬件环境

首先，需要搭建生产线控制系统的硬件环境，使用到的数字量采集控制器为 ADAM-4150 设备，图 2-1-14 所示为 ADAM-4150 设备的接口说明。

序号	引脚	说明
1	DO0-DO7	控制输出接口，用于连接执行设备
2	DI0-DI6	采集输入接口，用于连接传感器
3	DGND	信号地，保证等电位，通常与电源地短接
4	DATA+	RS485接口，RS485正极
5	DATA-	RS485接口，RS485负极
6	+VS	电源接口，连接DC 24V正极
7	GND	电源接口，连接DC 24V地
8	拨码开关	Init位置进入配置状态
		Normal位置进入正常工作状态

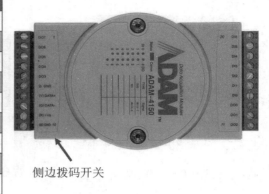

图 2-1-14　ADAM-4150 设备的接口说明

认真识读如图 2-1-15 所示的设备接线图，完成设备的安装和接线，保证设备接线正确。

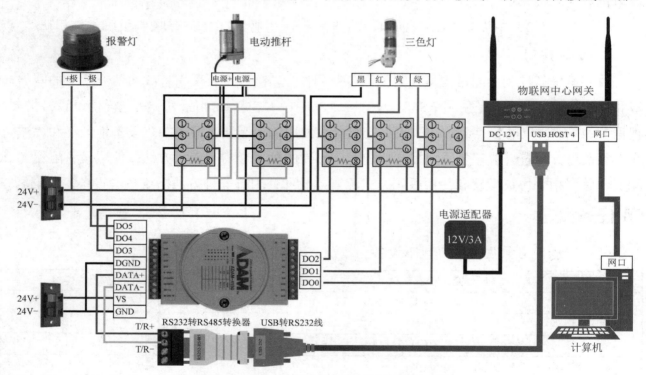

图 2-1-15　生产线控制系统设备接线图

2．配置数字量采集控制器

设备接线完成后，需要对数字量采集控制器进行配置。将拨码开关拨至 Init 位置，如图 2-1-16 所示，完成后，将 USB 转 RS232 线原来插在网关 USB HOST 4 上的 USB 头连接到计算机上。

运行 ADAM-4150 配置工具 AdamNET.exe，首先需要搜索设备连接的串口号，右击 "Serial" 按钮，选择 "Refresh Subnode" 选项，完成串口号搜索，如图 2-1-17 所示，搜索到的串口号为 COM8。

接着，搜索设备，右击 "COM8" 选择 "Search" 选项进行搜索设备，默认从 0 地址开始搜索，如图 2-1-18、图 2-1-19 和图 2-1-20 所示，在 COM8 下搜索到 4150 设备。

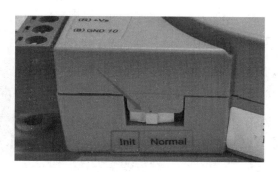

图 2-1-16　拨至 Init 位置

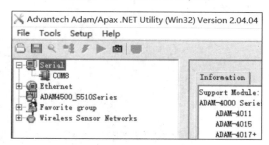

图 2-1-17　搜索串口号

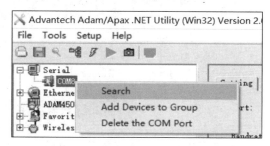

图 2-1-18　搜索设备

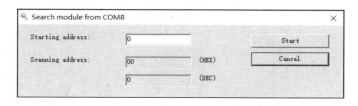

图 2-1-19　搜索设备设置

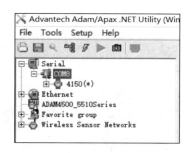

图 2-1-20　搜索到 4150 设备

> **温馨提示**
>
> 这里需要先断开 USB 转 RS232 线与网关的连接，配置完成后需要将线接回物联网中心网关。

> **温馨提示**
>
> 需要确保设备管理器中能识别到 USB 转 RS232 线后，该步骤才有效。

> **温馨提示**
>
> 只要搜索到 4150 设备后，就可以停止搜索设备，不需要等到搜索结束。

> **经验分享**
>
> 4150 后面如果不是*号，则说明 4150 没有拨至 Init 位置。注意，拨码后要重启设备才能生效。

　　然后，配置 4150 设备，如图 2-1-21 所示，先选择 4150 设备中的"Module setting"（模块设置）选项卡，设置"Address"（地址）为"1"，"Baudrate"（波特率）为"9600bps[①]"，"Protocol"（协议）为"Modbus"，再单击"Apply change"（应用更改）按钮，完成配置。

---

① 此处 bps 为软件自带单位，bps=bit/s。

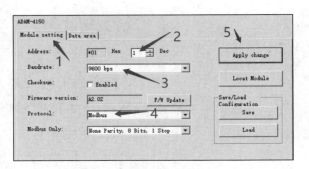

图 2-1-21　配置 4150 设备

知识链接

至于为什么要配置地址和波特率，可以查阅【知识储备 2.1.4 节】。

配置完成后，需要将拨码开关拨回 Normal 位置，并将 USB 转 RS232 线接回物联网中心网关。

3. 配置物联网中心网关

正确配置计算机 IP 地址，并使用浏览器登录物联网中心网关配置界面。

（1）配置连接器。

进入物联网中心网关界面后，单击"配置"→"新增连接器"按钮，进入连接器配置界面，如图 2-1-22 所示，完成连接器的添加，其中连接器名称可自行定义。

（2）添加执行器。

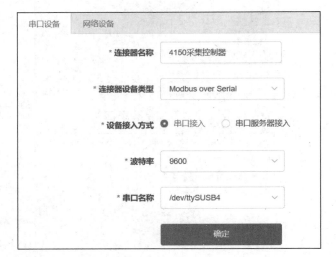

图 2-1-22　连接器配置界面

首先，打开连接器中新建的"4150 采集控制器"项目，在右边单击"新增"按钮，如图 2-1-23 所示。按照图 2-1-24 所示完成 4150 设备的添加，其中设备名称可自行定义。

图 2-1-23　新增连接器

图 2-1-24　新增 4150 设备

然后，在 4150 设备下添加执行器。按照图 2-1-25～图 2-1-30 所示完成三色灯、电动推杆和报警灯的添加，其中传感名称和标识名称可自行定义。

图 2-1-25　添加执行器操作

图 2-1-26　添加绿灯

图 2-1-27　添加黄灯

图 2-1-28　添加红灯

图 2-1-29　添加电动推杆

图 2-1-30　添加报警灯

4．测试功能

最终效果要求是能在物联网中心网关的"数据监控"界面中显示，单击对应的设备开关按钮，可以看到真实设备发生对应的变化，如图 2-1-31 所示。

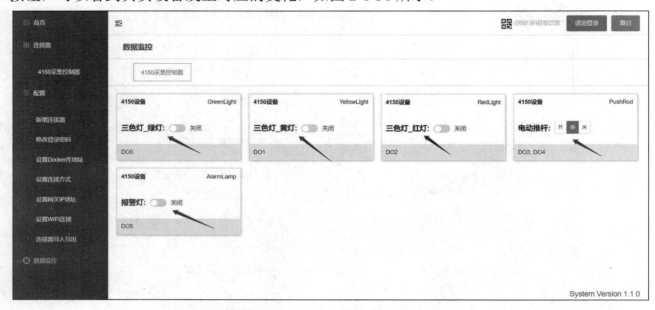

图 2-1-31　生产线控制系统调试界面

📖 任务小结

本任务相关知识的思维导图如图 2-1-32 所示。

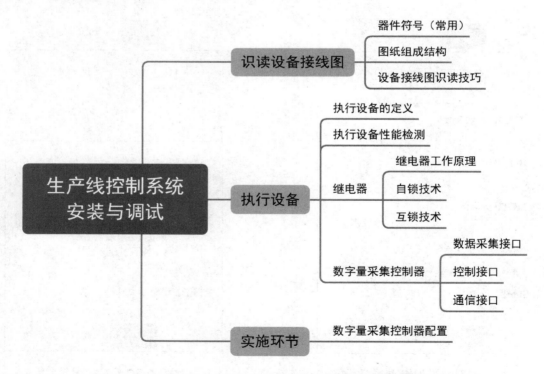

图 2-1-32　任务 1　生产线控制系统安装与调试思维导图

📍 任务工单

项目 2　智能制造——生产线运行管理系统安装与调试	任务 1　生产线控制系统安装与调试

一、本次任务关键知识引导

1. 下列属于线圈的电气符号图是（　　　　）。

          A   B   C   D

2. 一张完整的设备接线图由（　　　　）、（　　　　）、（　　　　）、（　　　　）等组成。

3. 图纸中设备的电路接线图是画在（　　　　　　）位置中的。

4. 两条有直接联系的交叉导线，在连接点处用（　　　　）表示。

5. 在工程施工中通常采用（　　　　　）的方式检测执行设备性能的好坏。

6. 继电器是一种当有（　　　　）信号时，会控制（　　　　）电路发生变化的电器。

7. 继电器的类型有（　　　　）继电器、（　　　　）继电器、（　　　　）继电器等。

8. 继电器中 NO 代表（　　　　）脚，NC 代表（　　　　）脚，COM 代表（　　　　）脚。

9. 两个回路在同一时刻只有一个回路能正常工作，另一个回路无法工作，该功能可以采用（　　　　）技术实现。

10. 数字量采集控制器的接口按功能分类，主要有数据采集接口、（　　　　）和（　　　　）。

二、任务检查与评价

评价方式	可采用自评、互评、教师评价等方式			
说　　明	主要评价学生在项目学习过程中的操作技能、理论知识、学习态度、课堂表现、学习能力等			
序号	评价内容	评价标准	分值	得分
1	知识运用（20%）	掌握相关理论知识，完成本次任务关键知识引导的作答准确率（20 分）	20 分	
2	专业技能（40%）	正确完成"准备设备和资源"操作（+5 分）	40 分	
		全部正确完成"配置物联网中心网关"的可选通道配置操作（+5 分）		
		正确完成"搭建硬件环境"操作（+10 分）		
		全部正确完成"数字量采集控制器"的配置操作（+5 分）		
		三色灯的"测试功能"操作正常（+5 分）		
		报警灯的"测试功能"操作正常（+5 分）		
		电动推杆的"测试功能"操作正常（+5 分）		
3	核心素养（20%）	具有良好的自主学习、分析解决问题、帮助他人的能力，整个任务过程中指导过他人并解决过他人问题（20 分）	20 分	
		具有较好的学习能力和分析解决问题的能力，任务过程中未指导过他人（15 分）		
		具有主动学习并收集信息的能力，遇到问题请教过他人并得以解决（10 分）		
		不主动学习（0 分）		
4	职业素养（20%）	实验完成后，设备无损坏、设备摆放整齐、工位区域内保持整洁、未干扰课堂秩序（20 分）	20 分	
		实验完成后，设备无损坏、未干扰课堂秩序（15 分）		
		未干扰课堂秩序（10 分）		
		干扰课堂秩序（0 分）		
总得分				

生产线环境数据采集系统安装与调试

🔭 职业能力目标

- 具备阅读设备接线图，正确、规范接线的能力。
- 具备调试 RS485 网络的能力。
- 具备安装调试感知设备、信号转换器、模拟量采集器的能力。

⏰ 任务描述与要求

任务描述：公司要求在生产线控制系统的基础上，继续增加生产线环境数据采集系统的安装与调试，要求完成对环境噪声和人员信息数据的采集。

任务要求：

- 正确阅读设备接线图，完成设备的安装和接线。
- 正确配置模拟量采集器设备和物联网中心网关设备。
- 实现通过物联网中心网关设备获取噪声和人员信息。

💻 知识储备

2.2.1 噪声传感器

车间噪声会严重危害人体的健康，其危害程度与人体处于噪声环境下时间的长短，以及所处环境噪声的大小有密切的关系。根据国家标准《工业企业噪声卫生标准》第五条，工业企业的生产车间和作业场所的工作地点的噪声标准为 85 分贝（A）。现有工业企业经过努力暂时达不到标准时，可适当放宽，但不得超过 90 分贝（A）。表 2-2-1 所示为分贝对照表。

表 2-2-1　分贝对照表

序号	音量/分贝	类比
1	1	刚能听到的声音
2	15	感觉安静
3	30	耳语的音量大小
4	60	正常交谈的声音
5	70	相当于走在闹市区
6	85	嘈杂的办公室
7	90	不会破坏耳蜗内的毛细胞
8	100	装修电钻的声音
9	130	喷射机起飞的声音

噪声传感器是一种可以用来对生产车间的噪声进行检测的装置。不同厂家生产的噪声传感器的外观和信号输出接口也是不一样的，目前噪声传感器的信号输出接口有 RS485、4～20mA、0～5V 和以太网 4 种方式。图 2-2-1 所示为三款不同外观的噪声传感器。

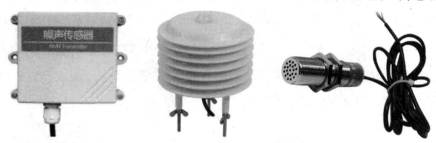

图 2-2-1　三款不同外观的噪声传感器

2.2.2　人体红外传感器

车间通常人员较多，管理起来也较为复杂。经常会发生人们都离开了，但车间的灯光、机器、空调等设备还处于运转状态的情况。粗略估算，一个 280m² 的电子厂生产车间，中央空调耗电量为 42kW，即 1h 仅空调耗电量就是 42kW，因此节能操作非常重要。要如何做到节能呢？首先，需要获取人员的活动信息。

人体红外传感器是一种可用于探测指定区域内是否有人存在的传感器，其属于热释电传感器，其工作原理是通过检测区域内的红外线变化情况，从而判断区域内是否有人存在。图 2-2-2 所示为三款不同外观的人体红外传感器。

为了在监测人体有或无的过程中避免受太阳光和照明灯光等光线的影响，通常在人体红外传感器的表面上会附加一块滤光片，同时，因为人体的移动速度比较慢，所以还需要加上一个带有高效率，能够聚焦的菲涅耳透镜配件，才能满足实际的使用需求。

人体红外传感器通常有 1 个时间旋钮，主要用于调节感应到人后，信号输出保持多少秒。

图 2-2-3 所示为某款人体红外传感器时间旋钮。人体红外传感器背后有一个时间旋钮。调节该时间旋钮时可使用一字螺丝刀轻轻地调，遇到阻力就是尽头了，不能再调，不然就会损坏零件。

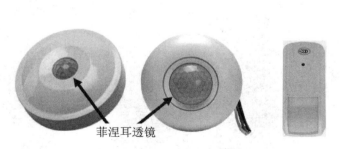

菲涅耳透镜

图 2-2-2　三款不同外观的人体红外传感器

图 2-2-3　某款人体红外传感器时间旋钮

时间旋钮：调左边减少时间，调右边增加时间，默认值为 20s 左右，可调范围为 15～300s。

2.2.3 模拟量采集器

工业应用中很多传感器输出的信号都采用 4～20mA 电流信号输出。例如，要接收噪声传感器的信号通常使用模拟量采集器。模拟量采集器就是能够采集模拟量传感器数据的设备。目前，模拟量采集器没有统一的生产标准，不同厂家生产的模拟量采集器，根据型号不同，其功能和接口数量也不一样。有些模拟量采集器不仅能采集模拟量传感器的数据，还能采集开关量传感器的数据，甚至有些模拟量采集器还具备控制功能，使用时需要根据情况进行选择。图 2-2-4 所示为三款具备模拟量采集功能的模拟量采集器。

WISE-4012	
接口	说明
输入	4路模拟
输出	2路
通信	WiFi

DAM-T0222	
接口	说明
输入	2路模拟、2路数字
输出	2路
通信	RS485、RS232

ADMA-4017+	
接口	说明
输入	8路模拟
输出	—
通信	RS485

图 2-2-4 三款具备模拟量采集功能的模拟量采集器

模拟量采集器的接口类型主要有两种：数据采集接口和通信接口。有些厂家生产的模拟量采集器还会带有一些控制接口。

1. 数据采集接口

模拟量采集器采集的是模拟量传感器的数据，通常支持采集 4～20mA、0～5V、0～10V、1～10V 四种信号。大多数模拟量采集器只支持 1 种类型的信号采集，有些性能较强的模拟量采集器能支持多种信号类型的采集。这种支持多种信号类型的模拟量采集器，出厂时会默认设置好采集一种类型的信号，如果要采集其他类型的信号，则需要使用厂家软件、拨码或切换跳针的方式进行配置。

模拟量采集器的信号采集接口通常由 2 个引脚组成，分别为 1 个正引脚和 1 个负引脚，正引脚用于接收传感器数据，负引脚用于与传感器设备接地，目的是保证设备间的等电位。接口的标识有 AI、AIN、Vin、V 等表示形式。图 2-2-5 所示为三款不同厂家的模拟量采集器的数据采集接口。

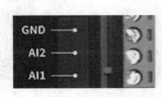
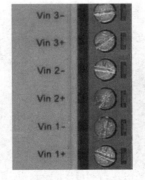

图 2-2-5 三款不同厂家的模拟量采集器的数据采集接口

2．通信接口

模拟量采集器的通信接口和数字量采集控制器的通信接口一样，通常有以太网接口、RS485 接口、RS232 接口等，有些甚至采用 WiFi 通信接口。

3．控制接口

有些模拟量采集器还会有控制接口。控制接口的功能和数字量采集控制器的控制接口的功能是一样的，都采用开关信号，即输出空载和低电平两种信号，当然有些控制接口的输出还具有继电器的功能。图 2-2-6 所示为两款模拟量采集器的控制接口。

图 2-2-6　两款模拟量采集器的控制接口

2.2.4　信号转换器

本次任务中使用的传感器和信号采集器不是同一个厂家生产的，因此出现了传感器和信号采集器之间的信号传输接口不符的问题，这时需要增加信号转换器。信号转换器也叫信号变换器，它是将一种信号转换成另一种信号的装置。信号是信息存在的形式或载体，在自动控制系统中，常将一种信号转换成另一种标准量信号，以便将两类仪表（或装置）连接起来，信号转换器常常处在两个仪表（或装置）间的中间环节。目前，信号转换器的类型很多，这在很大程度上扩展了各类仪器仪表的使用范围，使自动控制系统具有更多的灵活性和更广的适应性。

图 2-2-7 所示为某款信号转换器，主要功能是将 0～5V 的直流电压信号转换成 4～20mA 的直流电流信号。目前，市面上除了该类型的信号转换器，还有很多种信号转换器。表 2-2-2 所示为常用信号转换器类型。

图 2-2-7　某款信号转换器

表 2-2-2　常用信号转换器类型

序号	输入	输出	序号	输入	输出
1	4～20mA	0～3.3V	7	0～10V	4～20mA
2	4～20mA	0～5V	8	0～20mA	4～20mA
3	4～20mA	1～5V	9	0～10V	0～5V
4	4～20mA	0～10V	10	0～10V	0～20mA
5	0～5V	4～20mA	11	0～5V	0～10V
6	1～5V	4～20mA			

2.2.5　信号隔离器

在工业生产中实现监视和控制需要用到各种自动化仪表、控制系统和执行机构。它们之间的信号传输既有微弱到毫伏级、微安级的小信号，又有几十伏，甚至数千伏、数百安培的大信号，既有低频直流信号，也有高频脉冲信号等。在构成系统后往往发现在仪表和设备之间信号传输互相干扰，造成系统不稳定甚至误操作，这时就需要用到信号隔离器。

信号隔离器的主要功能如下。

（1）信号隔离器能够把输入信号和输出信号隔离开来。

把输入信号和输出信号隔离开来是信号隔离器的一个主要功能，使用信号隔离器之后，一方面能够很好地解决环路和设备之间的相互干扰，另一方面也能够有效地消除线路传输过程中外界的一些电磁干扰。

（2）信号隔离器能够有效避免电源之间的冲突。

在工业生产中往往会用到很多设备，而一般的机械设备都需要在有电源的环境下工作，电源一多就会造成冲突，大大影响各设备之间的正常工作，使用信号隔离器之后就可以有效地解决这个问题，使得各个设备有条不紊地工作。

（3）信号隔离器可以对一些设备进行信号隔离分配。

很多设备常常会带有一些负载，这就不可避免地要使用到电阻和导线等，可是一般情况下导线长度往往会影响设备的电阻阻值，电阻阻值改变又会影响整个设备的电压，用信号隔离器就能解决好以上问题。

直流信号隔离器属于信号隔离器中的一种，主要作用是对直流信号进行隔离。

图 2-2-8 所示为某款直流信号隔离器，其主要功能是对 0～10V 的直流电压信号进行隔离，从图中设备标签可知，其输入电压为 DC 0～10V，输出电压也为 DC 0～10V，该信号隔离器的主要作用是对信号进行隔离。现在很多厂家生产出来的信号隔离器不仅有隔离信号的功能，还有信号转换的功能，使得现在信号隔离器和信号转换器的分界越来越模糊，但是丰富了用户的可选性。

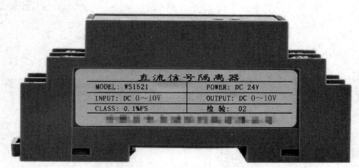

图 2-2-8　某款直流信号隔离器

图 2-2-9 所示为某款具有信号转换功能的直流信号隔离器。它能将输入的 0～10V 直流电压信号，转换成 4～20mA 输出的直流电流信号。

图 2-2-10 所示为另一款具有信号转换功能的直流信号隔离器。该直流信号隔离器支持二入二出，即支持两路信号隔离功能，两路输入都支持 4～20mA 的直流电流信号，两路输出都支持 0～10V 的直流电压信号。

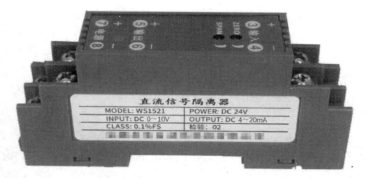

图 2-2-9 某款具有信号转换功能的直流信号隔离器 1

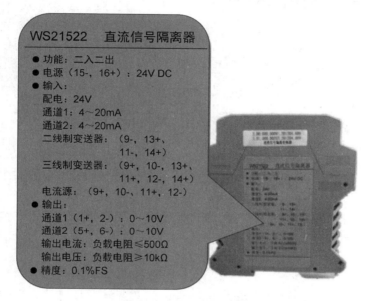

图 2-2-10 某款具有信号转换功能的直流信号隔离器 2

📖 任务实施

任务实施前必须先准备好以下设备和资源。

序号	设备/资源名称	数量	是否准备到位（√）
1	DAM-T0222	1个	
2	噪声传感器	1个	
3	人体红外开关传感器	1个	
4	直流信号转换器	1个	
5	直流信号隔离器	1个	
6	物联网中心网关	1个	
7	USB 转 RS232 线	1根	
8	RS232 转 RS485 转换器	1个	
9	网线	1根	
10	计算机	1台	
11	电源适配器	1个	
12	铝条	1根	

1. 搭建硬件环境

首先，需要搭建生产线环境数据采集系统的硬件环境，使用到的模拟量采集器为 DAM-T0222。图 2-2-11 所示为 DAM-T0222 的接口说明。

功能	引脚	说明
供电 DC 7～30V	+	电源正极
	−	电源负极
AI 模拟量输入	AI1	第一路模拟量输入信号正
	AI2	第二路模拟量输入信号正
	GND	模拟量输入信号负
DI 开关量输入	DI1+	第一路开关量输入信号正
	DI1−	第一路开关量输入信号负
	DI2+	第二路开关量输入信号正
	DI2−	第二路开关量输入信号负
DO 继电器输出	OUT1	第一路继电器输出常开端
		第一路继电器输出公共端
	OUT2	第一路继电器输出常闭端
		第二路继电器输出常开端

图 2-2-11　DAM-T0222 的接口说明

认真识读图 2-2-12 中的设备接线图，完成设备的安装和接线，保证设备接线正确。

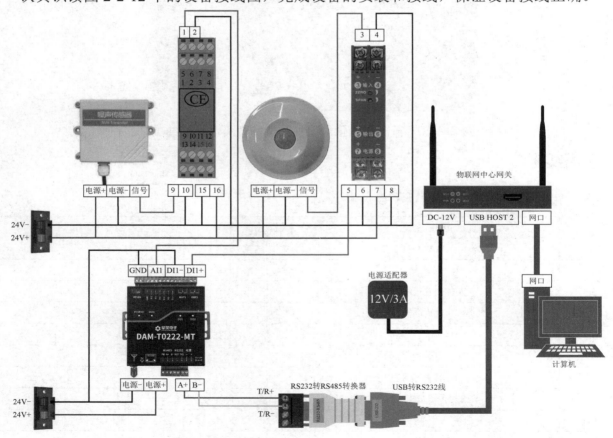

图 2-2-12　生产线运行数据采集系统设备接线图

2. 配置 DAM-T0222

本次使用 DAM-T0222 的 RS485 通信接口进行数据传输，需要先配置设备的地址和波特率。将已搭建好的设备环境中 USB 转 RS232 线的 USB 头插在计算机上。

（1）打开端口。

运行 DMA-T0222 厂家提供的"JYDAM 调试软件"，如图 2-2-13 所示，单击"高级设置"按钮，将通信方式从"TCP"改成"串口"方式，单击"保存"按钮。

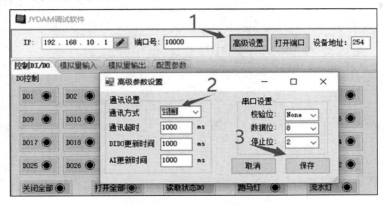

图 2-2-13　串口设置

完成后，如图 2-2-14 所示，串口号选择为 USB 转 RS232 线对应的串口号，波特率选择"9600"，单击"打开端口"按钮。

图 2-2-14　打开端口

（2）地址和波特率配置。

打开端口完成后，如图 2-2-15 所示，首先在"配置参数"选项卡中单击"读取"按钮，然后将"COM1 波特率"改成"默认（9600）"，"偏移地址"改成"2"，最后单击"设定"按钮，到这里就完成了地址和波特率的配置。

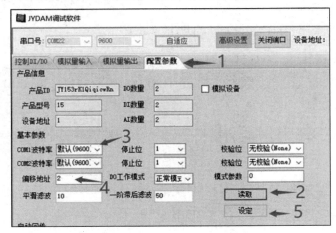

图 2-2-15　地址和波特率配置

3. 配置物联网中心网关

先将 USB 转 RS232 线接回物联网中心网关，再正确配置计算机 IP 地址，并使用浏览器登录物联网中心网关配置界面。

（1）配置连接器。

在物联网中心网关配置界面中，如图 2-2-16 所示，完成连接器的添加，其中"连接器设备类型"要选择为"NLE MODBUS-RTU SERVER"，该类型可用于任何支持 Modbus 通信的设备。

（2）添加传感器。

打开新建的"T0222 采集控制器"项目，在右边单击"新增传感器"按钮，如图 2-2-17 所示。

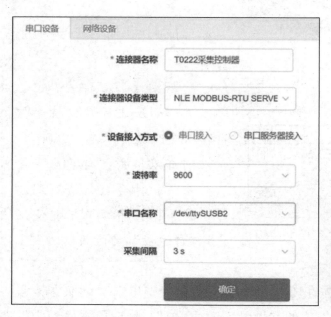

图 2-2-16　配置连接器

图 2-2-17　添加传感器

按图 2-2-18 所示完成噪声传感器的添加。

- 从机地址必须填写为"02"（该项对应 T0222 设备的地址）。
- 功能号设置为"04"（Modbus 协议中 4 表示查询输入信号功能）。
- 起始地址需要填写为"0000"（因为 T0222 的通信协议中 0000 表示 AI1 口，0001 表示 AI2 口）。
- 数据长度需要填写为"0001"（因为 T0222 的通信协议中 0001 表示要查询的模拟量数量为 1 路）。
- 采样公式：用于将接收回来的数据进行转换。这里不用配置。
- 设备单位：用于设置显示的数据是否带单位。这里不用配置。

按图 2-2-19 所示完成人体红外传感器的添加。

- 从机地址必须填写为"02"（该项对应 T0222 设备的地址）。
- 功能号设置为"02"（Modbus 协议中 2 表示查询开关量输入信号功能）。
- 起始地址需要填写为"0000"（因为 T0222 的通信协议中 0000 表示 DI1 口）。
- 数据长度需要填写为"0001"（因为 T0222 的通信协议中 0001 表示要查询的开关量数量为 1 路）。
- 采样公式和设备单位本次不用配置。

> 📢 **温馨提示**
>
> 如果要将接收回来的数据转换成 0～10V 的数值进行显示，则可以设置采样公式为 R0/1000，设备单位为 V。

图 2-2-18 添加噪声传感器

图 2-2-19 添加人体红外传感器

4．功能测试

最终效果要能在物联网中心网关的"数据监控"界面中显示，如图 2-2-20 所示，在 T0222 采集控制器界面中可以看到噪声传感器和人体红外传感器的数值，噪声传感器的数值为 0～10000（对应电压为 0～10V），人体红外传感器数值为 0～1。

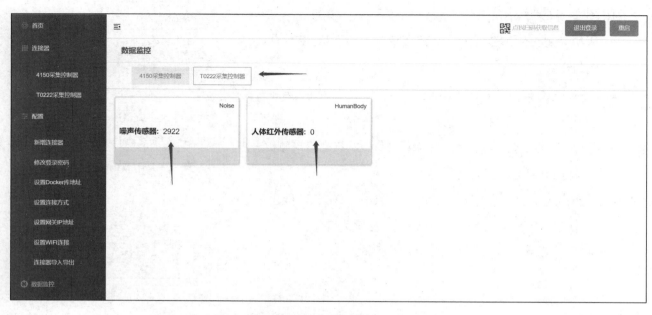

图 2-2-20　生产线控制系统调试界面

📖 任务小结

本次任务相关知识的思维导图如图 2-2-21 所示。

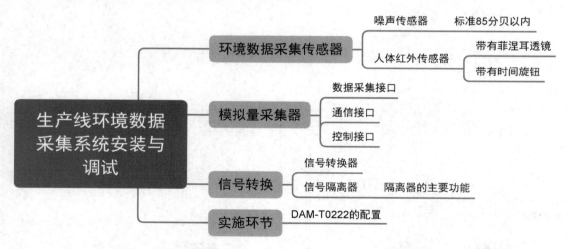

图 2-2-21　任务 2　生产线环境数据采集系统安装与调试思维导图

💡 任务工单

项目 2　智能制造——生产线运行管理系统安装与调试	任务 2　生产线环境数据采集系统安装与调试
一、本次任务关键知识引导	
1．工业企业的生产车间和作业场所的工作地点的噪声标准为不能超过（　　　）分贝。	
2．目前噪声传感器的信号输出接口有（　　　）、（　　　）、（　　　）和（　　　）4 种方式。	
3．人体红外传感器通过检测区域内的（　　　）变化情况，从而判断区域内是否有人存在。	

4. 为了提高人体红外传感器的性能，通常会在表面安装一块（　　　　）和一个（　　　　）配件。

5. 人体红外传感器通常有 1 个（　　　　）旋钮。

6. 模拟量采集器的接口类型主要有（　　　　）和（　　　　）。

7. 模拟量采集器的通信接口通常有（　　　　）、（　　　　）、RS232 接口等，有些甚至采用（　　　　）接口。

8. 信号转换器也叫（　　　　），它是将一种（　　　　）转换成另一种（　　　　）的装置。

9. 仪表和设备之间的信号传输存在互相干扰的现象时，可以采用安装（　　　　）解决。

10. 以下（　　　　）接口标识不是模拟量采集器的信号采集接口常用的标识。

    A. AI   B. AIN   C. DI0   D. Vin

二、任务检查与评价

评价方式	可采用自评、互评、教师评价等方式			
说　　明	主要评价学生在项目学习过程中的操作技能、理论知识、学习态度、课堂表现、学习能力等			
序号	评价内容	评价标准	分值	得分
1	知识运用（20%）	掌握相关理论知识，完成本次任务关键知识引导的作答准确率（20分）	20 分	
2	专业技能（40%）	正确完成"准备设备和资源"操作（+5分）	40 分	
		全部正确完成"配置物联网中心网关"操作（+5分）		
		正确完成"搭建硬件环境"操作（+10分）		
		全部正确完成"配置DAM-T0222"操作（+10分）		
		正确完成"测试功能"操作，并且功能全正确（+10分）		
3	核心素养（20%）	具有良好的自主学习、分析解决问题、帮助他人的能力，整个任务过程中指导过他人并解决过他人问题（20分）	20 分	
		具有较好的学习能力和分析解决问题的能力，任务过程中未指导过他人（15分）		
		具有主动学习并收集信息的能力，遇到问题请教过他人并得以解决（10分）		
		不主动学习（0分）		
4	职业素养（20%）	实验完成后，设备无损坏、设备摆放整齐、工位区域内保持整洁、未干扰课堂秩序（20分）	20 分	
		实验完成后，设备无损坏、未干扰课堂秩序（15分）		
		未干扰课堂秩序（10分）		
		干扰课堂秩序（0分）		
总得分				

任务 3　产线生产平台监控系统搭建

职业能力目标

- 具备配置物联网中心网关对接云平台的能力。
- 具备配置 ThingsBoard 云平台监控设备的能力。

⏰ 任务描述与要求

> **任务描述**：项目施工到快结束时，客户要求新增产线调光控制功能和在产线末端增加货物位置检测功能。因此，需要在不影响前期设备安装连线的基础上，完成新增功能的安装和调试，并继续完成项目中未完成的工作任务。
>
> 任务要求：
> - 正确阅读设备接线图，完成设备的安装和连线。
> - 正确配置 RGB 控制器和物联网中心网关设备。
> - 正确配置云平台，实现云平台上远程显示和控制设备的功能。

🖥 知识储备

2.3.1 物联网云平台类型

物联网云平台是物联网应用中至关重要的环节，按照逻辑可以分为设备管理平台、连接管理平台、应用使能平台、业务分析平台。

1. 设备管理平台

图 2-3-1 设备功能升级

物联网云平台中的设备管理平台的功能主要是对物联网终端进行远程监控、设置调整、软件升级、系统升级、故障排查、生命周期管理等。例如，在物联网中心网关的配置界面中，可以通过选择连接 CloudClient 方式连接上 NLECloud 云平台进行设备功能升级，如图 2-3-1 所示。

2. 连接管理平台

连接管理平台一般应用于运营商网络上，实现对物联网连接配置和故障管理、保证终端联网通道稳定、网络资源用量管理、连接资费管理、账单管理、套餐变更、号码/IP 地址/Mac 资源管理，更好地帮助移动运营商做好物联网 SIM 的管理。例如，NB-IoT 通信网络运营平台。

3. 应用使能平台

应用使能平台是提供应用开发和统一数据存储两大功能的 PaaS 平台，架构在 CMP 平台之上。其可提供成套应用开发工具、中间件、数据存储功能、业务逻辑引擎、对接第三方系统 API，如终端管理、连接管理、数据分析应用、业务支持应用等。物联网应用开发者在平台上迅速开发、部署、管理应用，降低开发成本、大大缩短开发时间。例如，华为云、ThingsBoard 云平台等。

4．业务分析平台

业务分析平台包含基础大数据分析服务和机器学习两大功能。其中，基础大数据分析服务主要是指平台在集合各类相关数据后，进行分类处理、分析并提供视觉化数据分析结果，通过实时动态分析，监控设备状态并予以预警；机器学习是通过对历史数据进行训练生成预测模型或客户根据平台提供的工具自己开发模型，满足预测性的、认知的或复杂的分析业务逻辑。例如，百度地图平台。

根据物联网系统的复杂性，最终可能需要多个物联网平台才能保持平稳运行。例如，使用连接管理平台时设备保持在线，同时使用业务分析平台处理收集到的数据，可以避免大型物联网系统超负荷运行。

2.3.2　物联网云平台功能

目前，物联网应用支持的云平台有很多，较为出名的有阿里云、华为云、亚马逊云和 ThingsBoard 云平台等，其中只有 ThingsBoard 云平台属于开源平台。但无论是哪个物联网云平台，其功能都大同小异，这里以 ThingsBoard 云平台为例进行物联网云平台的功能介绍。物联网云平台的三个基本功能，即设备接入、规则引擎和应用场景展示。图 2-3-2 所示为 ThingsBoard 云平台的界面，其中"规则链库"项用于设置规则引擎功能，"设备"项用于配置设备接入功能，"仪表板库"项用于配置应用场景展示功能。

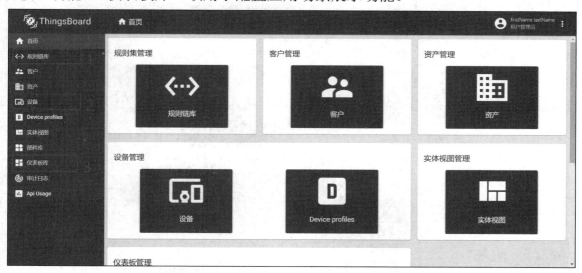

图 2-3-2　ThingsBoard 云平台的界面

1．设备接入

设备接入指的是将设备注册至云平台并通信，需要设备与云端之间有安全可靠的双向连接。设备接入配置通常涉及设备入网传输协议和身份认证选择。

设备入网传输协议： 大多数云平台都支持 HTTP、CoAP、MQTT 三种传输协议。

- MQTT 是多个客户端通过一个中央代理传递消息的多对多协议。
- CoAP 基本上是一个在 Client 和 Server 之间传递状态信息的单对单协议。

- HTTP 适合使用在性能好一些的终端上，相对于 MQTT 和 CoAP 协议，HTTP 协议的工作方式更复杂，对设备要求相对更高一些。

身份认证选择：云平台要求连接的设备必须配置密钥，该密钥用于设备接入云平台时的身份认证，类似于人的身份证。

2. 规则引擎

规则引擎是物联网云平台的一个重要功能模块，是处理复杂逻辑的引擎，主要对感知层搜集的数据进行筛选、解析、转发、操作等，实现数据逻辑和上层业务的解耦。例如，通过规则引擎可以设置"当红外设备感应到有人移动时，开启所有灯"场景，实现了红外传感器和灯的规则联动。

> 📢 **温馨提示**
>
> 本书实验部分不涉及规则引擎的操作，有兴趣的读者可以通过 ThingsBoard 官网资料自学。

3. 应用场景展示

应用场景展示是物联网云平台中提供给用户的一个可视化设备监控界面，通常允许用户根据实际需求设计场景界面。应用场景的设计一般采用控件拖曳的方式，便于用户使用。

2.3.3 ThingsBoard 云平台组成

1. 云平台系统组成结构

ThingsBoard 云平台有社区版和专业版两种许可。专业版是收费的，社区版是免费的。虽然社区版的 ThingsBoard 功能比专业版的 ThingsBoard 功能少，但是，可以满足基本的物联网项目的需求。

ThingsBoard 云平台社区版组成结构如图 2-3-3 所示。

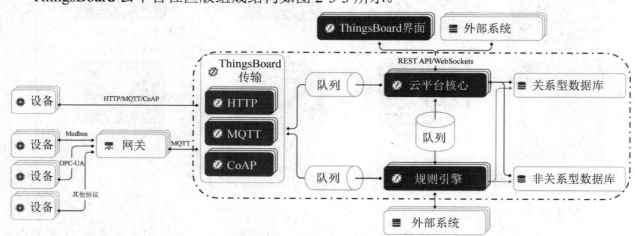

图 2-3-3　ThingsBoard 云平台社区版组成结构

图 2-3-3 中虚线方框部分为 ThingsBoard 的组成结构，左侧为物联网设备接入云平台所支持的方式。

（1）ThingsBoard 云平台支持三种设备接入的方式，分别为 HTTP、MQTT、CoAP。

（2）ThingsBoard 云平台支持设备直接接入，也支持通过网关设备接入。

（3）ThingsBoard 云平台包含物联网云平台的三大功能：设备接入、规则引擎和应用场景展示（ThingsBoard 中称为仪表板库）。

2．云平台界面组成

ThingsBoard 云平台的界面由规则链库、客户、资产、设备、Device profiles、实体视图、部件库、仪表板库等组成，如图 2-3-4 所示。

（1）规则链库。

图 2-3-4　功能界面

规则链库用于配置规则链，规则链也称为策略，是关联在一起的一组规则节点的简称。策略通常是为了实现某种控制逻辑加入规则链库中的。例如，为了实现恒温控制，需要定义一个策略，将该策略加入系统的规则链库中。

（2）客户。

ThingsBoard 是一个物联网管理云平台，它允许其他企业入驻进来，这些入驻的企业或个人称为租户，他们使用该云平台的服务，可以对资源、设备进行管理。每一个租户下面可以有多个客户，这些客户可以直接使用租户配置好的设备和资产，客户才是资产和设备的直接使用者。客户下面还可以有用户，用户单纯地可以看到设备的一些数据、监控、告警信息。

（3）资产。

资产是关联物联网设备或其他资产的一种抽象实体。例如，温室是资产，温室内设置有温湿度传感器或风扇等物联网设备。

（4）设备。

ThingsBoard 的设备实体是基本的物联网实体，如温湿度传感器、开关设备，设备可以上报遥测数据或属性值给物联网云平台，也可以接收处理从物联网云平台下来的 RPC（远程过程调用）协议。

（5）Device profiles。

Device profiles 用于配置设备的通信协议，支持 HTTP、MQTT、CoAP 可选。

（6）实体视图。

实体视图可以用来设置每个设备或资产遥测和属性暴露给客户的程度，可以设置多个，从而分配给不同的客户。

（7）部件库。

部件库用于管理和创建仪表板库中的显示控件。

（8）仪表板库。

仪表板库是一种实时监控界面，它可以显示物联网设备产生的实时数据或图表数据，或者通过界面上的控制按钮控制执行器设备。

任务实施

任务实施前必须先准备好以下设备和资源。

序号	设备/资源名称	数量	是否准备到位（√）
1	RGB 控制器	1 个	
2	RGB 灯条	1 根	
3	4150 采集控制器	1 个	
4	限位开关	1 个	
5	物联网中心网关	1 个	
6	USB 转 RS232 线	1 根	
7	RS232 转 RS485 转换器	1 个	
8	网线	1 根	
9	铝条	1 根	
10	计算机	1 台	
11	电源适配器	1 个	

1. 配置 RGB 控制器

将 RGB 控制器的 RS485 接口连接至计算机，如图 2-3-5 所示。

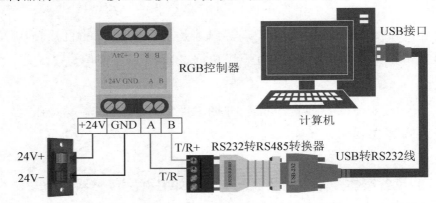

图 2-3-5　RGB 控制器配置硬件连接

由于 RGB 控制器使用 RS485 通信方式，这里需要设置其通信地址和波特率（设备的波特率默认为 9600，因此不用设置，本次实验将 RGB 控制器的通信地址设置为 3），表 2-3-1 所示为 RGB 控制器通信协议指令。

表 2-3-1　RGB 控制器通信协议指令

查询地址指令	起始码	长度	地址	命令字	校验和	结束码	
	0xA5	0x03	0xFF	0xB1	0xB3	0x5A	
返回	起始码	长度	地址	命令字	校验和	结束码	
	0xA5	0x03	0xXX	0xB2	0xXX	0x5A	
设置地址指令	起始码	长度	旧地址	命令字	新地址	校验和	结束码
	0xA5	0x04	0xXX	0xB0	0xXX	0xXX	0x5A
返回	起始码	长度	新地址	命令字	校验和	结束码	
	0xA5	0x03	0xXX	0xB2	0xXX	0x5A	
说明：校验和是从长度开始的累加和							

使用串口调试工具发送 RGB 控制器查询地址指令和设置地址指令，完成对 RGB 控制器地址的设置，具体操作如图 2-3-6 所示。

（1）正确配置串口参数，并打开端口。

（2）接收设置为 HEX 格式。

（3）发送设置为 HEX 格式。

（4）取消勾选"自动发送附加位"复选框。

（5）发送查询地址指令 A5 03 FF B1 B3 5A，其中 FF 代表广播，B3 为校验和。

（6）返回查询结果指令 A5 03 00 B2 B5 5A，其中 00 代表返回的设备地址信息。

（7）发送设置地址指令 A5 04 00 B0 03 B7 5A，其中 00 代表原地址，03 代表新地址，B7 为校验和。

（8）返回指令 A5 03 00 B2 B5 5A，其中 B2 代表命令设置成功。

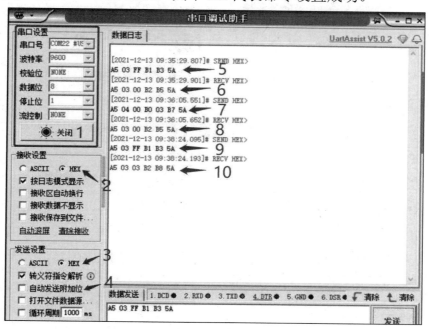

图 2-3-6　设置 RGB 控制器地址

（9）重新发送查询地址指令 A5 03 FF B1 B3 5A，目的是确认地址设置是否成功。

（10）返回查询结果 A5 03 03 B2 B8 5A，其中第 3 个字节 03 代表设备地址信息。

2．搭建硬件环境

完成搭建产线生产平台监控系统的硬件环境，本次实验的硬件环境是在任务 1 和任务 2 的硬件环境基础上，再进一步增加下列线路接线。

认真识读图 2-3-7 中的设备接线图，完成设备的安装和接

> **温馨提示**
>
> 没有任务 1 和任务 2 的硬件环境，只搭建任务 3 的实验环境也能完成本次任务，只是最终结果少了任务 1 和任务 2 的设备数据和控制效果而已。

线，保证设备接线正确。

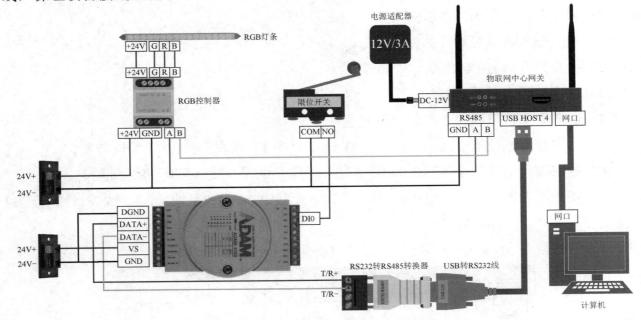

图 2-3-7　产线生产平台监控系统设备接线图

3．配置物联网中心网关

正确配置计算机 IP 地址，并使用浏览器登录物联网中心网关配置界面。

（1）配置连接器。

在物联网中心网关配置界面中，如图 2-3-8 所示，完成连接器的添加，其中"连接器设备类型"要选择"NLE SERIAL-BUS"，该类型支持 RGB 控制器。

（2）添加 RGB 控制器设备。

打开新建的连接器"RGB 控制器"项目，新增一个设备，如图 2-3-9 所示。

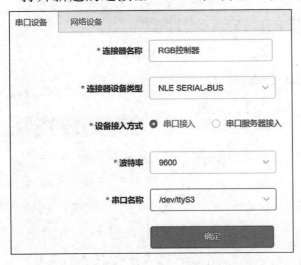

图 2-3-8　配置连接器

图 2-3-9　添加 RGB 控制器设备

（3）添加限位开关设备。

在任务 1 中 4150 采集控制器的连接器基础上，新增一个限位开关设备，如图 2-3-10 所示。

（4）验证物联网中心网关配置结果。

在"数据监控"界面中设置 RGB 控制器的颜色为蓝色，如图 2-3-11 所示。这时，RGB 灯条的颜色也会显示为蓝色。当触发限位开关时，在"数据监控"界面的 4150 采集控制器页中可以看到限位开关发生对应的变化，如图 2-3-12 所示。

图 2-3-10　添加限位开关设备

> **温馨提示**
>
> 如果前期没有保留任务 1 的实验结果，可以按任务 1 的操作，重新添加一个 4150 采集控制器的连接器即可。

图 2-3-11　RGB 控制器验证

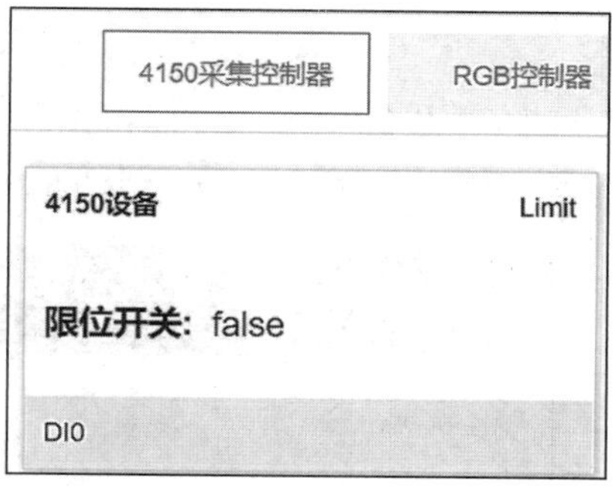

图 2-3-12　限位开关验证

4．配置云平台对接设备

（1）登录 ThingsBoard 云平台。

选用一台可以上网的计算机，使用浏览器登录 AIoT 在线工程实训平台，如图 2-3-13 所示，使用用户名和密码登录平台。在平台中单击"实验中心"按钮，进入实验中心，如图 2-3-14 所示。

图 2-3-13　登录 AIoT 在线工程实训平台

图 2-3-14　进入实验中心

在"实验中心"中，打开对应的实验环境，并在实验环境中单击"ThingsBoard"图标即可进入 ThingsBoard 云平台，如图 2-3-15 所示。

图 2-3-15　单击"ThingsBoard"图标

（2）创建物联网中心网关设备。

进入 ThingsBoard 云平台后，选择左侧列表中的"设备"选项，在设备界面中，单击"+"号，选择"添加新设备"选项，如图 2-3-16 所示。

图 2-3-16　添加新设备

在"添加新设备"界面中，如图 2-3-17 所示，填写设备信息，其中"名称"和"Label"可任意填写，勾选"是网关"复选框，完成物联网中心网关设备添加。

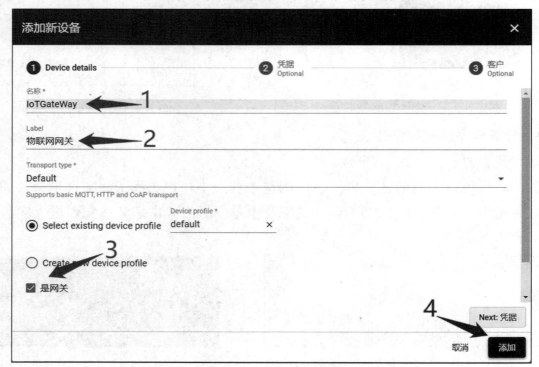

图 2-3-17　物联网中心网关信息配置

（3）配置物联网中心网关与云平台对接。

单击创建好的物联网中心网关设备"IoTGateWay"，在弹出的设备详细信息页面中，单击"管理凭据"按钮，复制"设备凭据"中的"访问令牌"信息，如图 2-3-18 所示。

图 2-3-18 复制"访问令牌"信息

打开物联网中心网关配置界面中的 TBClient 连接配置（路径：配置→设备连接方式→TBClient），将"MQTT 服务端 IP"填写为 ThingsBoard 云服务的 IP：52.131.248.66，"MQTT 服务端端口"填写为 1883，"Token"必须填写为 ThingsBoard 云平台上物联网中心网关的"访问令牌"信息，如图 2-3-19 所示。完成配置后，需要启动 TBClient 连接方式。

图 2-3-19 物联网中心网关令牌配置

至此，完成了物联网中心网关设备与 ThingsBoard 云平台的对接。

下一步，准备一条能上网的网线和支持上网用的 IP 地址。将 IP 地址配置给物联网中心网关，完成后断开计算机与物联网中心网关直接的网络线连接，将物联网中心网关的网口连接至能上网的网线上。

重新登录 ThingsBoard 云平台，并刷新 ThingsBoard 云平台上的设备列表，可以看到物联网中心网关中的所有设备都显示在设备列表中，如图 2-3-20 所示。

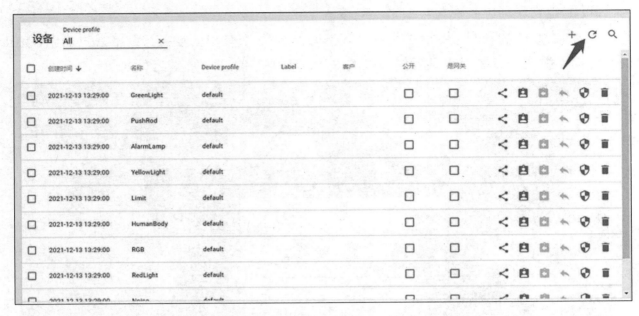

图 2-3-20　刷新设备列表

5．导入云平台仪表板

单击"仪表板库"按钮，在仪表板库中，单击"+"号，选择"导入仪表板"功能，将本书配套资源中的"产线生产平台监控系统.json"导入仪表板中，如图 2-3-21 和图 2-3-22 所示。

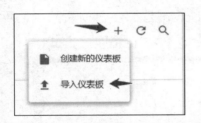

图 2-3-21　打开导入仪表板界面

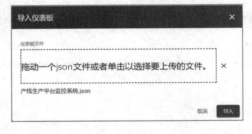

图 2-3-22　导入 json 文件

打开仪表板界面，如图 2-3-23 所示。

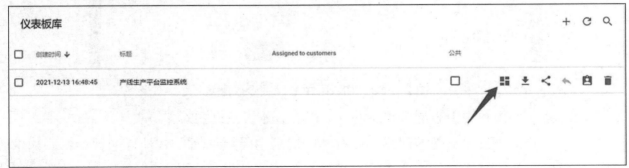

图 2-3-23　打开仪表板界面

打开仪表板界面后，新导入的仪表板界面如图 2-3-24 所示。在该界面中可以监控到产线设备的运行状态。

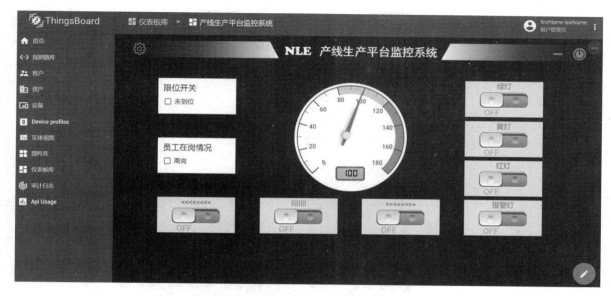

图 2-3-24 新导入的仪表板界面

如果打开仪表板界面后，界面如图 2-3-25 所示，那么表明仪表板无法获取设备数据，这时需要增加下列实体别名配置的操作。

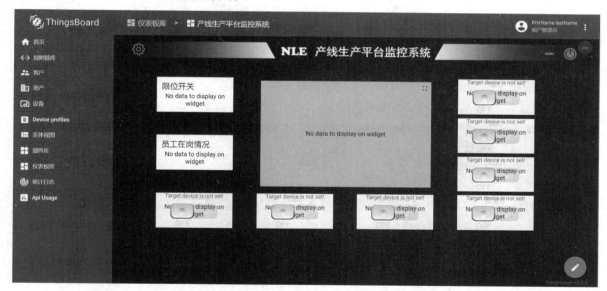

图 2-3-25 实体别名不符界面

先单击仪表板右下角如图 2-3-26 所示的编辑按钮，再单击"实体别名"编辑按钮，如图 2-3-27 所示，在弹出的实体别名界面中，需要一一单击实体别名设备中的编辑按钮（见图 2-3-28），对设备进行重新对应，如图 2-3-29 所示。

图 2-3-26 编辑按钮

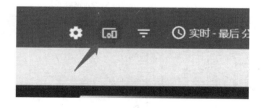

图 2-3-27 实体别名编辑按钮

图 2-3-28　打开实体别名界面　　　　　图 2-3-29　编辑别名界面

设备重新对应完成后需要单击"应用更改"按钮，如图 2-3-30 所示。

图 2-3-30　应用更改按钮

6. 测试功能

在 ThingsBoard 云平台仪表板库中打开如图 2-3-31 所示的测试结果界面。

图 2-3-31　测试结果界面

（1）限位开关，用于显示限位开关传感器的数值情况，未选中：未到位；选中：到位。

（2）员工在岗情况，用于显示人体红外开关的数值情况，未选中：离岗；选中：在岗。

（3）控制电动推杆后退。

（4）控制电动推杆暂停。

（5）控制电动推杆前进。

（6）控制报警灯亮灭。

（7）控制三色灯（红灯）亮灭。

（8）控制三色灯（黄灯）亮灭。

（9）控制三色灯（绿灯）亮灭。

（10）显示噪声传感器数值，最大 180 分贝。

任务小结

本任务相关知识的思维导图如图 2-3-32 所示。

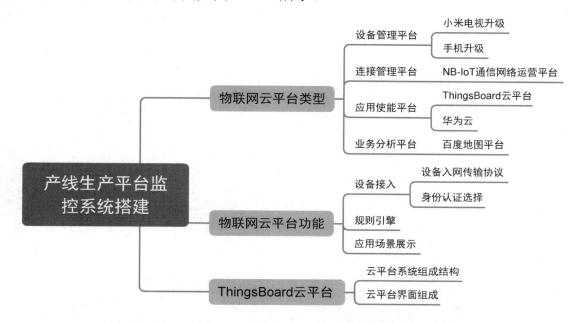

图 2-3-32　任务 3　产线生产平台监控系统搭建思维导图

任务拓展

在本次仪表板的基础上，使用 Charts 包中的 Timeseries-Flot 控件，如图 2-3-33 所示，新增一个显示噪声传感器历史数据波形的画面。

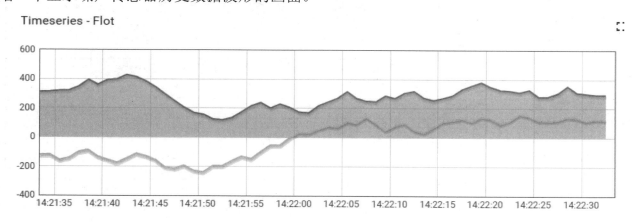

图 2-3-33　Timeseries-Flot 控件

💡 任务工单

项目2 智能制造——生产线运行管理系统安装与调试	任务3 产线生产平台监控系统搭建

一、本次任务关键知识引导

1. 物联网云平台按照逻辑可以分为（　　　　　　　）、（　　　　　　　）、（　　　　　　　）、
（　　　　　　　）四大平台类型。

2. 移动运营商中负责 NB-IoT 通信网络的运营平台称为（　　　　　　　）平台。

3. ThingsBoard 属于物联网云平台按照逻辑分类中的（　　　　　　　）平台。

4. 百度地图平台属于物联网云平台按照逻辑分类中的（　　　　　　　）平台。

5. 物联网云平台的三个基本功能分别是（　　　　　　　）、（　　　　　　　）和（　　　　　　　）。

6. 物联网云平台通常都支持（　　　　　　　）、（　　　　　　　）、（　　　　　　　）三种传输协议。

7. ThingsBoard 云平台有（　　　　　　　）和（　　　　　　　）两种许可，（　　　　　　　）是免费的。

8. ThingsBoard 云平台中用于配置设备实时监控界面和数据显示界面的控件是（　　　　　　　）。

　　A. 规则链库　　　　B. 设备　　　　C. 仪表板库　　　　D. 资产

9. ThingsBoard 云平台中用于配置控制逻辑策略的控件是（　　　　　　　）。

　　A. 规则链库　　　　B. 设备　　　　C. 仪表板库　　　　D. 资产

二、任务检查与评价

评价方式	可采用自评、互评、教师评价等方式			
说　明	主要评价学生在项目学习过程中的操作技能、理论知识、学习态度、课堂表现、学习能力等			
序号	评价内容	评价标准	分值	得分
1	知识运用（20%）	掌握相关理论知识，完成本次任务关键知识引导的作答准确率（20分）	20分	
2	专业技能（40%）	正确完成"准备设备和资源"操作（+5分）	40分	
		成功完成"导入仪表板"的配置操作（+5分）		
		正确完成"搭建硬件环境"操作（+10分）		
		全部正确完成"配置物联网中心网关"操作（+5分）		
		正确完成"配置RGB控制器"操作（+5分）		
		全部正确完成"配置云平台对接设备"操作（+5分）		
		正确完成"测试功能"的全部操作，并且功能全正确（+5分）		
3	核心素养（20%）	具有良好的自主学习、分析解决问题、帮助他人的能力，整个任务过程中指导过他人并解决过他人问题（20分）	20分	
		具有较好的学习能力和分析解决问题的能力，任务过程中未指导过他人（15分）		
		具有主动学习并收集信息的能力，遇到问题请教过他人并得以解决（10分）		
		不主动学习（0分）		
4	职业素养（20%）	实验完成后，设备无损坏、设备摆放整齐、工位区域内保持整洁、未干扰课堂秩序（20分）	20分	
		实验完成后，设备无损坏、未干扰课堂秩序（15分）		
		未干扰课堂秩序（10分）		
		干扰课堂秩序（0分）		
总得分				

项目 **3**

智慧建筑——建筑物倾斜监测系统环境搭建

📝 引导案例

近年来，我国被称为"基建狂魔"，这主要是源于近年来中国的一系列大规模基础建设和超级工程。目前，我国公路规模总量已经位居世界前列，其中，高速公路里程已经稳居世界第一位。截至 2020 年年底，中国高速公路总里程已经达到 16 万千米，国家高速公路网主线基本建成，覆盖约 20 万以上的城镇人口。而在高楼方面，据不完全统计，2021 年世界前十大高楼中，中国就占了 6 座。图 3-0-1 所示为高速路网和高银金融 117 大厦。

目前，世界各地高层乃至超高层建筑物越来越多地进入人们的视线，当建筑物的高度不断增加时，建筑物摇晃就越明显。根据《高层建筑混凝土结构技术规程》3.7.3 条可知，高度不大于 150m 的高层建筑，其楼层层间最大位移与层高之比，按不同的结构体系，限值为 1/550～1/1000。高度不小于 250m 的高层建筑，其楼层层间最大位移之比不宜大于 1/500。直观地说，天津的高银金融 117 大厦高 597m，其楼层层间最大位移允许可达 1.19m。超过 300m 高的建筑物超出国家规范限制，需要专业审查和特殊设计，因每栋楼独特设计的不同晃动幅度也不同。哈利法塔目前是世界第一高楼，其高 828m，这座摩天大楼在风中的摆动幅度可达 3m 多。

图 3-0-1　高速路网和高银金融 117 大厦

现有一个企业要为某高楼安装倾斜监测系统，客户要求传感器的数据要接入以太网中，便于统一管理。

监测管理系统网络环境搭建

🔭 职业能力目标

- 能安装和配置交换机、路由器等网络通信设备。
- 会使用 IP 扫描工具检测网络配置连接情况。

⏰ 任务描述与要求

任务描述： 客户要求传感器的数据要接入以太网中，因此本次高楼监测管理系统需要搭建网络主框架环境，网络拓扑架构图如图 3-1-1 所示。

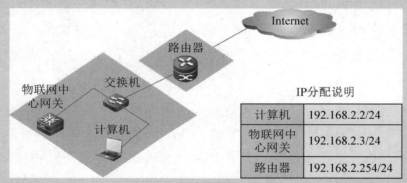

IP分配说明	
计算机	192.168.2.2/24
物联网中心网关	192.168.2.3/24
路由器	192.168.2.254/24

图 3-1-1　网络拓扑架构图

任务要求：

- 正确阅读网络连线图，完成设备的安装和连接。
- 正确配置路由器和物联网中心网关 IP 地址。
- 使用 IP 扫描工具检测所配置的各设备网络连接情况。

🖥 知识储备

3.1.1　网络通信设备

网络通信设备是用于连接和管理网络数据的传输设备。随着技术的发展，网络设备的种类越来越多，目前物联网中主要应用到的网络通信设备有路由器、交换机、防火墙等。

1. 路由器

路由器又称为网关设备。它是连接两个或多个网络的硬件设备，在网络间起网关的作用，是先读取每一个数据包中的地址再决定如何传送的专用智能性的网络设备。它能够理解不同的协议，如某局域网使用的以太网协议，因特网使用的 TCP/IP 协议等。路由器可以分析各种不同类型网络传来的数据包的目的地址，把非 TCP/IP 网络的地址转换成 TCP/IP 地址，或者反之；再根据选定的路由算法把各数据包按最佳路线传送到指定位置。所以路由器可以把非 TCP/IP 网络连接到因特网上。

（1）路由器的接口。

家用路由器接口通常由电源接口、复位键、广域网接口、局域网接口组成，如图 3-1-2 所示。

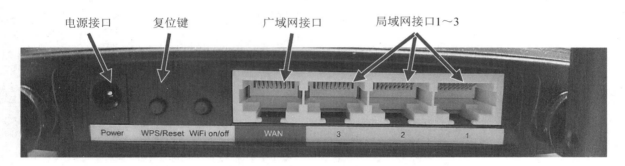

图 3-1-2　家用路由器接口图

① 电源接口（Power）：连接电源。

② 复位键（Reset）：可以还原路由器的出厂设置。

③ 广域网接口（WAN）：通常用于连接外部网络。

④ 局域网接口（LAN）：通常有 3 个及以上，用于连接计算机和路由器。

目前，随着手机和无线网络的应用普及，家用路由器通常都会带有 WiFi 功能。

（2）路由器 WiFi 加密方式。

路由器的 WiFi 加密方式通常有四种，分别是 WEP 加密、WPA-PSK 加密、WPA2-PSK 加密和 WPA/WPA2-PSK 加密。

① WEP 加密：一种老式的加密手段，如非迫不得已，不建议选择此种安全模式。WEP 加密有 64 位 WEP 加密和 128 位 WEP 加密。

② WPA-PSK 加密：继 WEP 加密之后的升级版，在安全的防护上比 WEP 加密更为周密，主要体现在身份认证、加密机制和数据包检查等方面，它还提升了无线网络的管理能力。

③ WPA2-PSK 加密：WPA 加密的升级版。

④ WPA/WPA2-PSK 加密：从字面便可以看出，它是两种加密算法的组合，可以说是强强联手，该加密方式安全性能最高，通常配置的时候选择该加密方式。

其中，WPA-PSK 加密、WPA2-PSK 加密、WPA/WPA2-PSK 加密的密钥长度为 8～63 个字符，这也是输入 WiFi 密码的时候至少要输入 8 位数以上的原因。

（3）路由器联网方式。

家用路由器通常提供三种联网方式，分别是宽带拨号、动态 IP 和静态 IP。

① 宽带拨号：通常在家庭网络中使用，用户向电信运营商申请宽带后，电信运营商会给一个账号和密码。

② 动态 IP：一般用于学校或企业，由上级路由器自动给 WAN 接口分配一个 IP 地址。

③ 静态 IP：通常用于管理严格的机构，有管理员统一分配一个静态 IP 地址。

2. 交换机

交换机意为"开关"，是一种用于电（光）信号转发的网络设备。它可以为接入交换机的任意两个网络节点提供独享的电信号通路。最常见的交换机是以太网交换机，其他常见的交换机还有电话语音交换机、光纤交换机等。

交换机一般有 5 种数量端口，分别是 4 口、8 口、16 口、24 口和 48 口。这么多的端口，设备在连接交换机端口的时候，交换机是不限制设备连接哪一个端口的，也就是说可以任意连接一个端口。

（1）交换机分类。

交换机按层数分类，主要可以分为二层交换机和三层交换机。

二层交换机的技术发展比较成熟，其属于数据链路层设备，根据数据包中的 MAC 地址进行转发数据，其只有转发数据的功能，而没有路由功能。

三层交换机根据 IP 地址进行转发数据，即在二层交换机的基础上加了路由器的功能。

（2）VLAN。

现在，交换机不仅具有转发数据的功能，还具有一些新的功能。例如，对 VLAN 的支持、对链路汇聚的支持，甚至还具有防火墙的功能。

VLAN（Virtual LAN）中文意思是"虚拟局域网"。简单来说，同一个 VLAN 中的用户间通信就和在一个局域网内一样，同一个 VLAN 中的广播只有 VLAN 中的成员才能收到，而不会传输到其他的 VLAN 中去，从而控制不必要的广播风暴的产生。同时，若没有路由，不同 VLAN 之间则不能相互通信，从而提高了不同工作组之间的信息安全性。网络管理员可以通过配置 VLAN 之间的路由来全面管理网络内部不同工作组之间的信息互访。

由于三层交换机中具有路由功能，因此三层交换机中的 VLAN 之间要互相通信，可以不用加路由器设备。

图 3-1-3 所示为带 VLAN 功能的交换机，请根据设备功能说明，判断该设备属于几层交换机。

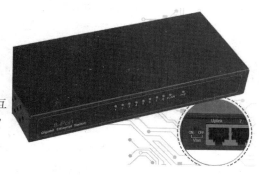

VLAN
一键切换，快速安全

提供独立VLAN开关。VLAN功能开启时，1~7端口不能互相访问，只能与"Uplink"端口通信，有效抑制网络风暴，提升网络安全；VLAN功能关闭时，8个端口可互相通信。

图 3-1-3 带 VLAN 功能的交换机

3．防火墙

在网络设备中，防火墙指硬件防火墙。硬件防火墙把防火墙程序做到芯片里面，由硬件执行这些功能，减少 CPU 的负担，使路由更稳定。硬件防火墙是保障内部网络安全的一道重要屏障。它的安全和稳定，直接关系到整个内部网络的安全。日常例行的检查对于保证硬件防火墙的安全是非常重要的。图 3-1-4 所示为某款硬件防火墙设备图。

功能介绍

（1）支持配置安全策略、审计策略、带宽策略、NAT策略等。
（2）支持可拓展的一体化DPI深度安全（入侵防御、防病毒、文件过滤、恶意域名远程查询、应用行为控制）。
（3）支持丰富的策略对象（安全区域、地址、应用、黑白名单、安全配置文件、入侵防御、审计配置文件等）。

图 3-1-4 某款硬件防火墙设备图

从图 3-1-4 中的功能介绍部分汇总可知，防火墙的主要功能是包过滤、包的透明转发、阻挡外部攻击、记录攻击等。

3.1.2 IP 地址配置

IP 是 Internet Protocol 的缩写，中文意思为网际互连协议。IP 工作在 TCP/IP 参考模型中的第三层，也就是网络层。网络层的主要作用是实现主机与主机之间的通信。

有些人分不清 IP（网络层）和 MAC（数据链路层）之间的区别和关系。其实很容易区分，IP 的作用是实现主机与主机之间的通信，而 MAC 的作用是实现"直连"的两个设备之间的通信。IP 负责在"没有直连"的两个网络之间进行通信传输。也可以这样理解，MAC 只负责某一个区间之间的通信传输，IP 则负责将数据包发送给最终的目的地址。

在 TCP/IP 网络通信时，为了保证能正常通信，每个设备都需要配置正确的 IP 地址，否则无法实现正常的通信。

图 3-1-5 所示为计算机 IP 地址配置界面。实际上，IP 地址并不是根据主机台数来配置的，而是以网卡来说的，像服务器、路由器等设备都有 2 个以上的网卡，因此它们会有 2 个以上的 IP 地址。

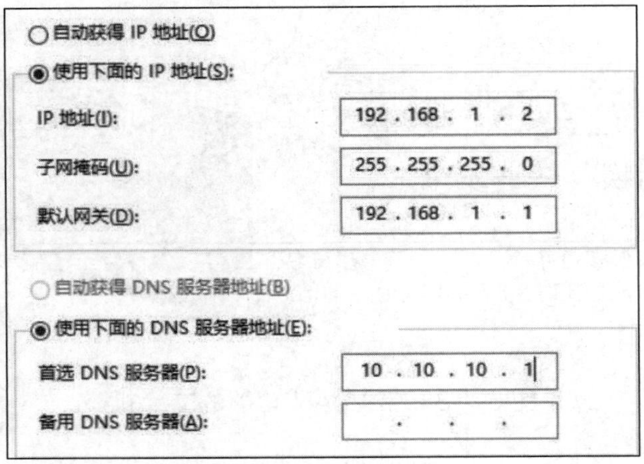

图 3-1-5　计算机 IP 地址配置界面

计算机的 IP 地址配置信息由 IP 地址、子网掩码、默认网关和 DNS 服务器组成。

1．IP 地址

IP 地址有 IPv4 和 IPv6 两种，由于 IPv6 目前还没彻底普及，因此，通常 IP 地址都是指 IPv4 的 IP 地址，其由 32 位二进制数表示，为了方便记忆 IPv4 地址，采用了十进制的标记方式，即将 32 位 IP 地址以每 8 位为一组，共分为 4 组，每组以 "." 隔开，再将每组转换成十进制，如图 3-1-6 所示。

二进制	11000000	10101000	00000001	00000001
十进制	192	168	1	1
加点分割	192 ．	168 ．	1 ．	1

图 3-1-6　IPv4 地址格式

在 IP 地址中，有两个特殊的 IP 地址，分别是主机号全为 1 和全为 0 的 IP 地址。

主机号全为 1 的 IP 地址用于指定某个网络下的所有主机，通常用于广播数据时使用。

主机号全为 0 的 IP 地址用于指定某个网段。例如，192.168.1.0 和 192.168.1.255。192.168.1.0 表示一个网段，192.168.1.255 表示只要是 192.168.1.0 这个网段内的计算机都能接收到数据。

IP 地址由网络号、主机号两部分组成。

网络号：用于设置计算机网段时使用。用于判断属于同一个广播域内，即网络号地址是否相同。如果网络号地址相同，则表明接受方在本网络上，可以把数据包直接发送到目标主机。

主机号：表示计算机的具体地址。

由于 IP 地址的分类是互联网诞生之初，IP 地址还比较充裕时进行设计的，而随着物联网的发展，IP 地址已经严重不够使用，而且 IP 地址的分类也存在着许多缺点，因此后来人们提出了一种无分类地址的方案，即 CIDR。这种方案不再有分类地址的概念，CIDR 把 IP 地址划分为两部分，前面是网络号，后面是主机号。CIDR 表示形式为 a.b.c.d/x，其中/x 表示前 x 位二进制数属于网络号，x 的取值范围为 0～32。192.168.1.2/24 这种地址的表示形式就是 CIDR，如图 3-1-7 所示。

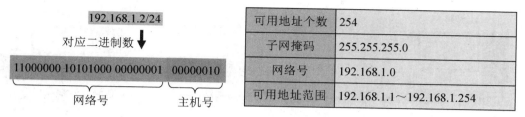

图 3-1-7 CIDR 地址格式

192.168.1.2/24 中，/24 表示前 24 位二进制数是网络号，剩余的 8 位二进制数是主机号，所以 192.168.1.2/24 表示网络号是 192.168.1.0，主机号是 2。

2．子网掩码

子网掩码不能单独存在，必须结合 IP 地址一起使用。子网掩码只有一个作用，即将某个 IP 地址划分成网络地址和主机地址两部分。简单来说，子网掩码就是掩盖掉 IP 地址中的主机号，剩余的部分就是网络号。

例如，IP 地址是 192.168.1.2，如果子网掩码是 255.255.255.0，那么该 IP 地址中被子网掩码中 1 遮住的部分 192.168.1 就是网络号，如图 3-1-8 所示，没有遮住的部分 2 就是主机号。因此，IP 地址 192.168.1.2 的主机号是 2，支持的主机 IP 地址范围为 192.168.1.1～192.168.1.254。

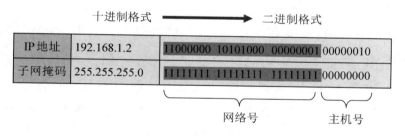

图 3-1-8 子网掩码作用

3．默认网关

网关就是一个网络连接到另一个网络的"关口"。按照不同的分类标准，网关也有很多种，这里"网关"是指 TCP/IP 协议下的网关。

网关实质上是负责管理一个网络通向其他网络的设备，这个设备具有路由功能，计算机上的默认网关是指该设备的 IP 地址。

注意，在填写默认网关时，主机的 IP 地址必须和默认网关的 IP 地址处于同一段。

图 3-1-9 中，计算机 A 的 IP 地址为 192.168.1.2，子网掩码为 255.255.255.0，计算机 B 的 IP 地址为 192.168.2.2，子网掩码为 255.255.255.0。在没有路由器的情况下，这两个网络之间是不能进行 TCP/IP 通信的，即使是两个网络连接在同一个交换机上，TCP/IP 协议也会根据

子网掩码（255.255.255.0）判定两个网络中的主机处在不同的网络中。而要实现这两个网络之间的通信，则必须通过网关。

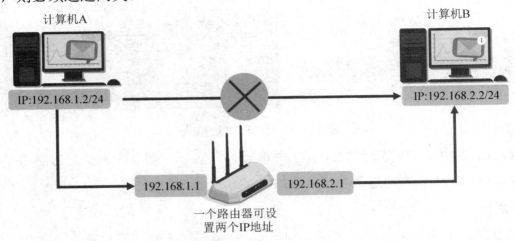

图 3-1-9 默认网关作用

如果网络 A 中的主机发现数据包的目的主机不在本地网络中，那么就把数据包先转发给它自己的网关，再由网关转发给网络 B 的网关，网络 B 的网关最后转发给网络 B 的某个主机。

所以说，只有设置好网关的 IP 地址，TCP/IP 协议才能实现不同网络之间的相互通信。在实际工作中，通常默认网关都是填写为路由器的 IP 地址。

4. DNS 服务器

DNS 服务器是一个用于域名解析的服务器。早期人们访问网站的时候需要输入网址的 IP 地址才能访问，然而 IP 地址不便于记忆。为了便于记忆，研发人员采用域名来代替 IP 地址标识站点地址。由于在 Internet 上真实辨认机器的还是使用的 IP 地址，因此当使用者在浏览器中输入域名后，浏览器必须先到一台有域名和 IP 地址对应信息的主机去查询这台计算机的 IP 地址。而这台用于查询的主机，就被称为域名解析服务器，也就是 DNS 服务器。

下面讲解两个特殊的 DNS 服务器 IP 地址。

① 114.114.114.114 是中国移动、中国电信和中国联通通用的 DNS 服务器 IP 地址，解析成功率相对来说更高，国内用户使用的比较多，速度相对快、稳定，是国内用户上网常用的 DNS 服务器 IP 地址。

② 8.8.8.8 是 Google 公司提供的 DNS 服务器 IP 地址，该地址是全球通用的，相对来说，更适合国外和访问国外网站的用户使用。

这里使用一个例子，让大家进一步理解 DNS 服务器的作用。

> 某一网站的域名为 www.baidu.com，IP 地址为 163.177.151.110（有时 IP 地址会改变，可通过 "ping 域名" 的指令重新查询）。
>
> 首先，需要设置浏览器为 "清除浏览记录"，否则浏览器会记忆浏览过的网站，造

成本次操作不成功，如图 3-1-10 和图 3-1-11 所示。

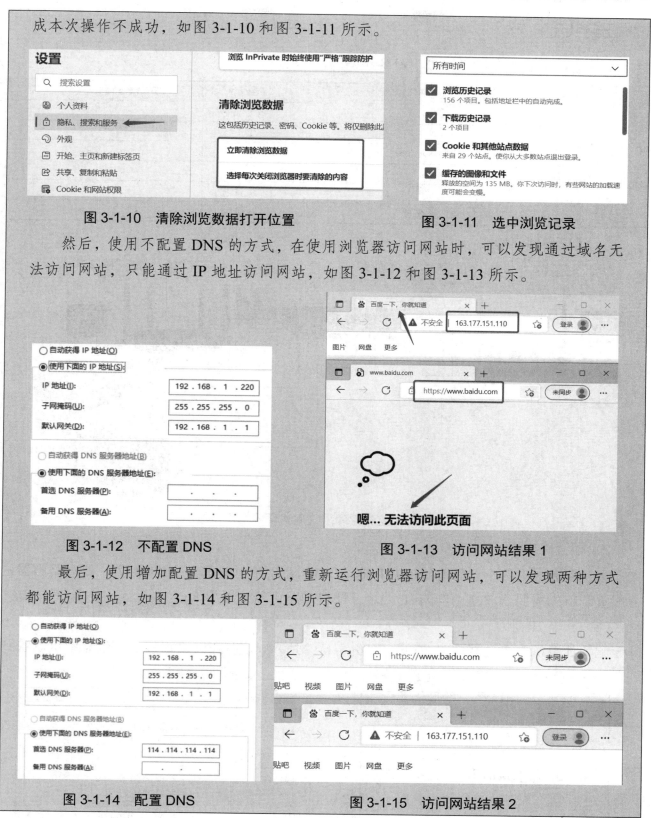

图 3-1-10　清除浏览数据打开位置　　　　　图 3-1-11　选中浏览记录

　　然后，使用不配置 DNS 的方式，在使用浏览器访问网站时，可以发现通过域名无法访问网站，只能通过 IP 地址访问网站，如图 3-1-12 和图 3-1-13 所示。

图 3-1-12　不配置 DNS　　　　　图 3-1-13　访问网站结果 1

　　最后，使用增加配置 DNS 的方式，重新运行浏览器访问网站，可以发现两种方式都能访问网站，如图 3-1-14 和图 3-1-15 所示。

图 3-1-14　配置 DNS　　　　　图 3-1-15　访问网站结果 2

　　其实人们在访问网站的时候，是可以使用输入网址的域名或 IP 地址两种方式来进行的。如果没有配置 DNS 服务器 IP 地址，那么人们只能通过输入 IP 地址的方式进行访问网站。

任务实施

任务实施前必须先准备好以下设备和资源。

序号	设备/资源名称	数量	是否准备到位（√）
1	路由器	1个	
2	交换机	1个	
3	物联网中心网关	1个	
4	网线	3根	
5	计算机	1台	
6	电源适配器	3个	

1. 搭建硬件环境

认真识读图 3-1-16 中的网络接线图，完成设备的接线，保证设备接线正确。

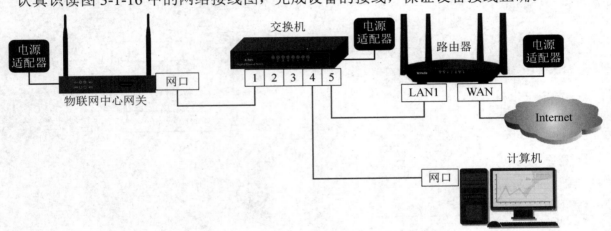

图 3-1-16　监测管理系统网络环境搭建接线图

2. 配置路由器

本次要完成对路由器的 LAN 口 IP 地址、WAN 口 IP 地址和 WiFi 的配置，要对路由器进行配置，首先需要获取路由器的 IP 地址才能登录路由器配置界面。

（1）获取 IP 地址。

配置计算机为自动获取 IP 方式，如图 3-1-17 所示，这时在网络连接详细信息中可以看到默认网关的 IP 地址，该 IP 地址就是路由器的 IP 地址，如图 3-1-18 所示。

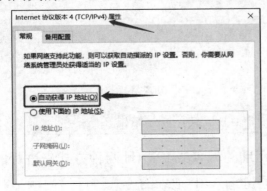

图 3-1-17　设置自动获取 IP 地址

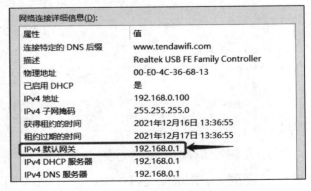

图 3-1-18　查看网关 IP 地址

如果无法获得网关 IP 地址，那么原因可能是路由器关闭了 DHCP 功能，这时可以按路由器的复位键 10s 左右，对路由器进行复位，再按上述方法进行操作。

（2）登录路由器配置界面。

使用浏览器，输入路由器 IP 地址即可登录路由器配置界面，首次使用路由器或路由器复位后首次登录路由器时，会出现以下两种情况，这时需要根据情况进行选择操作。

① 如果路由器出现设置向导界面，那么这里可以任意配置，将其跳过该步骤即可。

② 如果出现用户名和密码输入框，那么这里可以通过查看路由器底部的贴纸，上面会有用户名和密码信息，按照信息内容输入即可。

（3）配置 WAN 口 IP 地址。

成功登录路由器配置界面后，单击"上网设置"按钮，按图 3-1-19 所示选择"动态 IP"方式，完成配置，配置完成后需单击"确定"按钮。

图 3-1-19　设置联网方式

（4）配置 WiFi。

单击"无线设置"按钮，按图 3-1-20 和图 3-1-21 所示完成配置，配置完成后需要单击"确定"按钮。

图 3-1-20　设置 2.4G 网络

图 3-1-21　设置 5G 网络

① 2.4G 网络：选择"开启"选项，路由器才会运行该 2.4G 网络。

② 无线名称：用于设置 WiFi 的名称，可自定义。

③ 隐藏网络：选中时，WiFi 名称会隐藏起来，让人搜索不到，计算机只能通过手动输入 WiFi 名称进行连接。

④ 加密方式：选择"WPA/WPA2-PSK 混合"。

⑤ 无线密码：可自定义。

⑥ 5G 配置方式和 2.4G 配置方式一样。

> **知识链接**
>
> WiFi 加密方式选择"WPA/WPA2-PSK 混合"的原因可查阅【知识储备 3.1.1 节】中路由器 WiFi 加密方式。

（5）配置路由器 IP 地址。

单击"系统管理"界面，按图 3-1-22 所示完成配置，配置完成后需要单击"确定"按钮，这时路由器会进行重启。

① LAN IP：用于设置路由器设备的 IP 地址。

② 子网掩码：设置为 255.255.255.0。

③ DHCP 服务器：设置为开启，这样路由器就能给计算机自动分配 IP 地址。

④ 起始 IP：设置 DHCP 服务器的起始分配 IP 地址，通常都是从 100 开始的。

⑤ 结束 IP：设置 DHCP 服务器的截止分配 IP 地址。

3．配置物联网中心网关 IP 地址

物联网中心网关 IP 地址出厂默认为 192.168.1.100，如果已被人改动，则可复位物联网中心网关使其 IP 地址变回出厂 IP 地址。物联网中心网关的复位方式，可查阅产品说明书。

下一步，配置计算机 IP 地址，如图 3-1-23 所示。

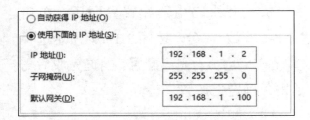

图 3-1-22　LAN 口配置　　　　　　　图 3-1-23　计算机 IP 地址配置

交换机没有路由功能，只支持同网段的 IP 地址进行通信，因此需要将计算机的 IP 地址配置为 192.168.1.0 网段，因为这时的物联网中心网关 IP 地址为 192.168.1.100。

使用浏览器登录物联网中心网关配置界面，在"配置"项中选择"设置网关 IP 地址"，如图 3-1-24 所示，完成物联网中心网关 IP 地址配置。

物联网中心网关 IP 地址配置完成后，需要将计算机的 IP 地址按图 3-1-25 所示进行配置。

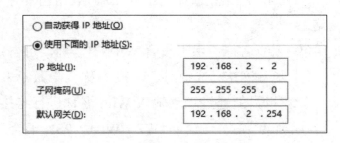

图 3-1-24　物联网中心网关 IP 地址配置　　　图 3-1-25　再次配置计算机 IP 地址

4．测试功能

使用本书配套资源中的 IP 扫描工具，设置 IP 扫描范围为 192.168.2.1～192.168.2.254，单击"扫描"按钮，对局域网中的设备进行 IP 扫描，如图 3-1-26 所示，要求将路由器、计算机、物联网中心网关的 IP 都扫描到。

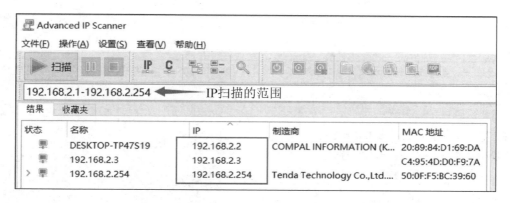

图 3-1-26　IP 扫描结果

📖 任务小结

本任务相关知识的思维导图如图 3-1-27 所示。

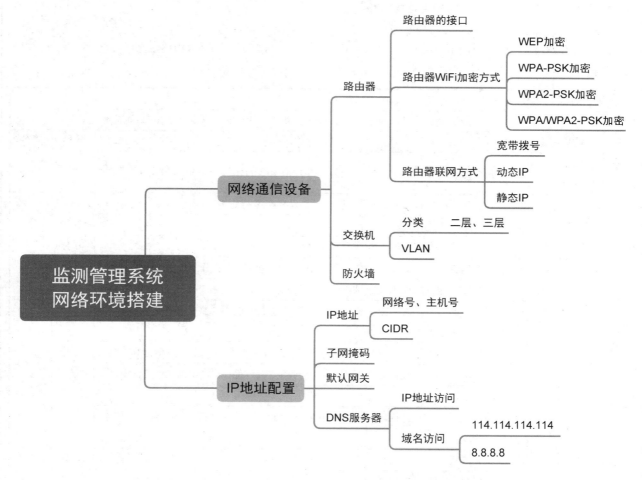

图 3-1-27　任务 1　监测管理系统网络环境搭建思维导图

🎓 任务拓展

使用无线网卡连接所配置的 WiFi 热点，连接成功后，测试是否能正常打开网页。完成后，先修改 WiFi 热点名称，同时将 WiFi 热点设置为隐藏模式，再重新连接 WiFi 完成上网测试。

💡 **任务工单**

项目 3　智慧建筑——建筑物倾斜监测系统环境搭建	任务 1　监测管理系统网络环境搭建

一、本次任务关键知识引导

1. 家用路由器接口通常由电源接口、（　　　　　）、（　　　　　）、（　　　　　）组成。

2. 路由器的广域网接口（WAN）通常用于连接（　　　　　）网络。

3. 家用路由器通常提供三种联网方式，分别是（　　　　　）、（　　　　　）和（　　　　　）。

4. 交换机意为（　　　　　），是一种用于电（光）信号转发的网络设备。

5. 三层交换机和二层交换机的区别是，三层交换机具有（　　　　　）功能。

6. VLAN 中文意思是（　　　　　）。

7. IP 中文意思是（　　　　　），工作在 TCP/IP 参考模型中的（　　　　　）。

8. IP 地址由（　　　　　）、（　　　　　）两部分组成。

9. 子网掩码的作用是将某个 IP 地址划分成（　　　　　）和（　　　　　）两部分。

10. 中国移动、中国电信和中国联通通用的 DNS 服务器 IP 地址是（　　　　　　　　　　　）。

11. 下列哪个 IP 地址和 192.168.2.2/28 是同一个网段（　　　　　）。

　　A. 192.168.0.3　　　　B. 192.168.2.3　　　　C. 192.168.2.88　　　　D. 192.168.2.254

二、任务检查与评价

评价方式	可采用自评、互评、教师评价等方式			
说　　明	主要评价学生在项目学习过程中的操作技能、理论知识、学习态度、课堂表现、学习能力等			
序号	评价内容	评价标准	分值	得分
1	知识运用（20%）	掌握相关理论知识，完成本次任务关键知识引导的作答准确率（20分）	20分	
2	专业技能（40%）	正确完成"准备设备和资源"操作（+5分）	40分	
		正确完成"搭建硬件环境"操作（+5分）		
		正确完成"配置路由器"操作（+10分）		
		全部正确完成"配置物联网中心网关 IP 地址"操作（+5分）		
		正确完成"测试功能"的全部操作，并且功能全正确（+15分）		
3	核心素养（20%）	具有良好的自主学习、分析解决问题、帮助他人的能力，整个任务过程中指导过他人并解决过他人问题（20分）	20分	
		具有较好的学习能力和分析解决问题的能力，任务过程中未指导过他人（15分）		
		具有主动学习并收集信息的能力，遇到问题请教过他人并得以解决（10分）		
		不主动学习（0分）		
4	职业素养（20%）	实验完成后，设备无损坏、设备摆放整齐、工位区域内保持整洁、未干扰课堂秩序（20分）	20分	
		实验完成后，设备无损坏、未干扰课堂秩序（15分）		
		未干扰课堂秩序（10分）		
		干扰课堂秩序（0分）		
总得分				

任务 2 倾斜监测数据采集系统搭建

职业能力目标

- 会安装和连接 CAN 总线类型的传感器设备。
- 会使用网络调试助手软件完成对网络数据的调试。

任务描述与要求

任务描述：现已完成高楼监测管理系统需要的主网络框架环境的搭建，在此基础上需要完成建筑物倾斜角度的数据采集系统搭建，要求在不改变现有网络配置的前提下，收集建筑物多个方向的倾斜角度数据。

任务要求：

- 正确阅读设备接线图，完成设备的安装。
- 正确完成 CAN 转以太网设备和倾角传感器的配置。
- 正确配置云平台和物联网中心网关设备，实现在云平台上展示双轴倾角传感器数值。

知识储备

3.2.1 倾角传感器设备

倾角传感器又称为倾斜仪、测斜仪、水平仪、倾角计，经常用于系统的水平角度变化测量。水平仪从过去简单的水泡水平仪到现在的电子水平仪是自动化和电子测量技术发展的结果。水平仪如图 3-2-1 所示。

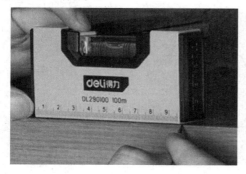

图 3-2-1　水平仪

1. 倾角传感器的分类

- 倾角传感器按照测量的方向，可以简单地分为单轴和双轴两种。

- 倾角传感器按照测量精度高低，可分为超高精度系列、高精度系列、高性价比系列和低成本系列。
- 倾角传感器按照传感器的输出形式，可分为电流输出、电压输出、CAN 输出、RS485 输出、TTL 输出等。

图 3-2-2 所示为某款低成本系列的倾角传感器设备介绍。

- 双轴倾角测量
- 分辨力：0.02°
- 供电电压：9~35V
- 体积：L55×W37×H24（mm³）
- 最高精度：0.2°
- 量程：±90°
- 输出方式：CAN
- IP67防护等级

图 3-2-2　某款低成本系列的倾角传感器设备介绍

从图 3-2-2 中可知，该传感器是双轴倾角传感器，可以测量两个方向的角度，即 X 轴和 Y 轴，输出方式为 CAN 总线方式，该传感器属于数字量传感器。

2．CAN 总线

CAN 通信是一种总线通信接口，CAN 接口由 CANH 和 CANL 组成，采用差分电压传输信号，抗干扰能力强。CAN 总线数据传输距离最远可达 10km，最高数据传输速率可达 1Mbit/s。近年来，由于 CAN 总线具备高可靠性、高性能、功能完善和成本较低等优势，因此其应用领域已从最初的汽车工业慢慢渗透进航空工业、安防监控、楼宇自动化、工业控制、工程机械、医疗器械等领域。例如，当今的酒店客房管理系统集成了门禁、照明、通风、加热和各种报警安全监测等设备，这些设备通过 CAN 总线连接在一起，形成各种执行器和传感器的联动，这样的系统架构为用户提供了实时监测各单元运行状态的可能性。

CAN 总线是广播类型的总线，这意味着所有节点都可以侦听到所有传输的报文（信息），无法将报文单独发送给指定节点，所有节点都将始终捕获所有报文。但是，CAN 硬件能够提供本地过滤功能，让每个节点对报文有选择性地做出响应。

图 3-2-3 所示为 ISO11898 标准的 CAN 总线信号电平标准。

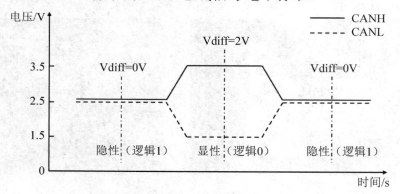

图 3-2-3　ISO11898 标准的 CAN 总线信号电平标准

图 3-2-3 中的实线与虚线分别表示 CAN 总线的两条信号线 CANH 和 CANL。静态时两

条信号线上电压值均为 2.5V 左右（电位差为 0V），此时的状态表示为逻辑 1（或称"隐性"电平状态）。当 CANH 上的电压值为 3.5V 且 CANL 上的电压值为 1.5V 时，两线的电位差为 2V，此时的状态表示为逻辑 0（或称"显性"电平状态）。

图 3-2-4 展示的 CAN 总线网络拓扑包括两个网络：一个是遵循 ISO11898 标准的高速 CAN 总线网络（传输速率为 500kbit/s），另一个是遵循 ISO11519 标准的低速 CAN 总线网络（传输速率为 125kbit/s）。高速 CAN 总线网络被应用在汽车动力与传动系统，它是闭环网络，总线最大长度为 40m，要求两端各有一个阻值为 120Ω 的电阻。低速 CAN 总线网络被应用在汽车车身系统，它的两根总线是独立的，不形成闭环，要求每根总线上各串联一个阻值为 2.2kΩ 的电阻。

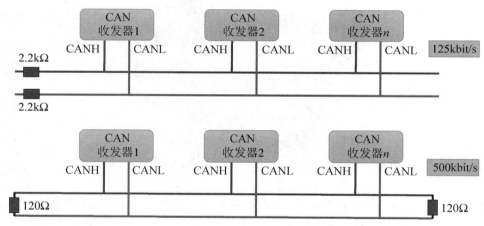

图 3-2-4　CAN 总线网络连接图

3. 倾角传感器安装要求

首先，要保证倾角传感器安装面与被测面紧靠在一起，背侧面要尽可能水平，不能有如图 3-2-5 所示的夹角产生。

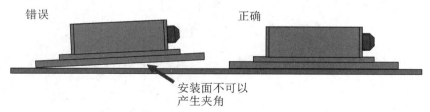

图 3-2-5　安装面与被测面夹角

其次，倾角传感器底边线与被测物体轴线不能有如图 3-2-6 所示的夹角产生，安装时应保持传感器底边线与被测物体轴线平行或正交。

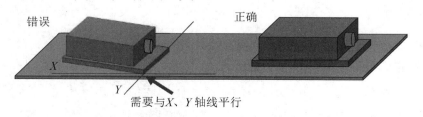

图 3-2-6　轴线不平行

最后，倾角传感器的安装面与被测面必须固定紧密、接触平整、转动稳定，要避免由于加速度、振动产生的测量误差。

3.2.2 CAN 转以太网设备

目前，在物联网应用中支持 CAN 总线的设备还不是很多，这时如果要采集 CAN 总线输出的传感器数据，那么只能增加转换器设备，其中 CAN 转以太网模块就是一种 CAN 总线转换器，其是一种能将 CAN 信号转换成网口信号的设备。

图 3-2-7 所示为某款 CAN 转以太网设备，下面对 CAN 转以太网设备的功能进行介绍。

图 3-2-7 某款 CAN 转以太网设备

复位端口： 由于该设备带有网口，因此会涉及 IP 地址变动的问题，所以 CAN 转以太网设备通常都带有复位按键，目的是用于复位 IP 地址。

默认 IP 地址： 由于配置网络型设备通常都是使用 IP 地址的方式对其进行访问的，因此，网络型设备厂家在设备出厂的时候都会默认配置一个出厂 IP 地址用于用户访问设备，同时会提供给可以获取该 IP 地址的方法，一般有以下几种 IP 地址获取方法。

① 在设备背面粘贴贴纸，并在贴纸上标注 IP 地址。

② 提供软件给用户，通过扫描设备获取 IP 地址。

③ 设备说明书中标注 IP 地址。

3.2.3 网络调试助手

CAN 转以太网模块的性能检测可以使用网络调试助手进行操作。网络调试助手可以通过网络搜索进行下载，而且大部分都是免费的，网络调试助手通常集成了 TCP/UDP 服务端和 TCP/UDP 客户端，服务端可管理多个链接，客户端也可以建立多个链接，各自独立操作，管理方便。可以帮助测试人员检查网络应用软硬件的数据收发状况，是网络应用开发及调试中必备的专业工具。

1. TCP 功能调试操作

这里运行两个网络调试助手软件或使用两台可互相通信的计算机分别运行网络调试助手软件，将其中一个软件模拟服务端进行配置，另一个软件模拟客户端进行配置，如图 3-2-8 所示。

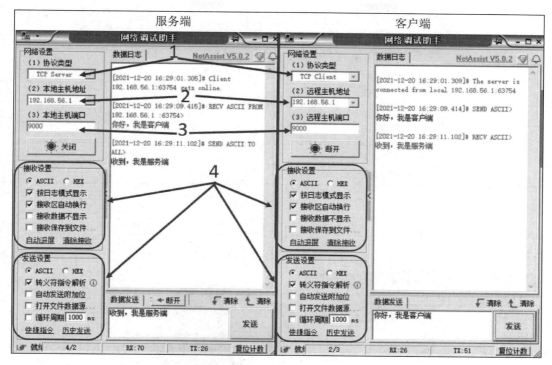

图 3-2-8　网络调试助手 TCP 功能调试

配置说明如下。

① 协议类型：有三种可供选择，即 UDP、TCP Client 和 TCP Server。UDP 用于 UDP 通信，TCP Client 表示该软件模拟 TCP 客户端功能，TCP Server 表示该软件模拟 TCP 服务端功能。

② 本机主机地址/远程主机地址：因为服务端是用于给多个客户端进行链接访问的，配置服务端的时候需要配置一个服务端本机的 IP 地址供客户端链接访问。

③ 本机主机端口/远程主机端口：TCP 通信时发送数据给目的地址设备的时候，需要设备的 IP 地址和端口号两个参数。

④ 接收设置和发送设置：通常服务端和客户端是采用一样的配置。

配置完成后，在数据发送栏中输入要发送的信息，对方就能成功获取并显示。

2. UDP 功能调试操作

UDP 的通信特点是无链接和不可靠的通信，UDP 在通信的时候不需要先和对方建立链接，同时 UDP 通信发送数据给目的地址设备时不需要对方返回确认信息。由于 UDP 只管发送数据，而不管对方有无收到数据，所以 UDP 被称为不可靠通信方式。因为 UDP 通信本身就是不可靠和不需要链接的通信，所以这里不进行介绍。一般通信设备连接不采用 UDP 方式，UDP 主要用于视频或音频直播。

📖 任务实施

任务实施前必须先准备好以下设备和资源。

序号	设备/资源名称	数量	是否准备到位（√）
1	路由器	1 个	
2	交换机	1 个	
3	物联网中心网关	1 个	
4	倾角传感器	1 个	
5	CAN 转以太网设备	1 个	
6	网线	4 根	
7	计算机	1 台	
8	电源适配器	3 个	

1．搭建硬件环境

首先，需要搭建倾斜监测数据采集系统的硬件环境，使用到倾角传感器和 CAN 转以太网设备。图 3-2-9 所示为 CAN 转以太网设备接口说明图。

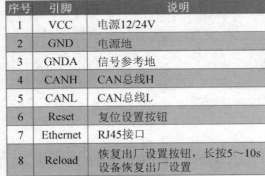

序号	引脚	说明
1	VCC	电源12/24V
2	GND	电源地
3	GNDA	信号参考地
4	CANH	CAN总线H
5	CANL	CAN总线L
6	Reset	复位设置按钮
7	Ethernet	RJ45接口
8	Reload	恢复出厂设置按钮，长按5～10s设备恢复出厂设置

- PWR（电源指示灯）
- WORK（收发指示灯）
- LINK（连接指示灯）
- STE（状态指示灯）
- RL（恢复出厂设置指示灯）

图 3-2-9　CAN 转以太网设备接口说明图

认真识读图 3-2-10 中的设备接线图，在任务 1 的基础上，完成下列设备的安装和接线，保证设备接线正确。

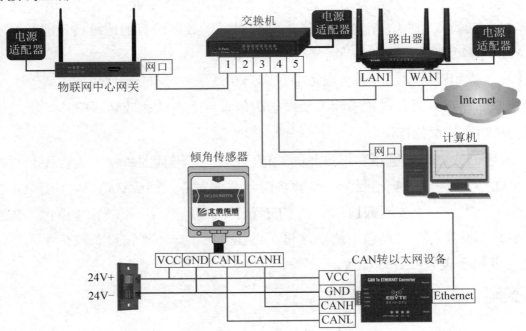

图 3-2-10　倾斜监测数据采集系统硬件搭建接线图

2．CAN 转以太网设备配置

首先，确保路由器 IP 地址配置为 192.168.2.254/24，物联网中心网关 IP 地址配置为 192.168.2.3/24。

其次，配置计算机 IP 地址，如图 3-2-11 所示。

在 CAN 转以太网设备上电的状态下，长按"恢复出厂设置按钮"5～10s，使得 CAN 转以太网设备恢复出厂 IP 地址。

再次，使用浏览器访问 CAN 转以太网设备配置界面，访问地址为 192.168.4.101，用户名为 admin，密码为 admin。在"CAN 配置"项中设置波特率为"125kbit/s"，工

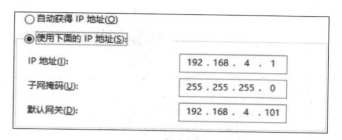

图 3-2-11　计算机 IP 地址配置

作方式为"TCP Server"，本地/远程端口为"8886"（端口可自定义），如图 3-2-12 所示，完成 CAN 配置后，单击最下方的"保存设置"按钮。

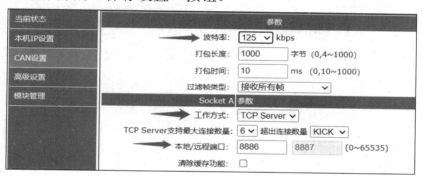

图 3-2-12　CAN 配置

最后，配置设备的 IP 地址，在"本机 IP 设置"项中将设备的 IP 地址配置为 192.168.2.4，网关地址配置为 192.168.2.254，如图 3-2-13 所示。

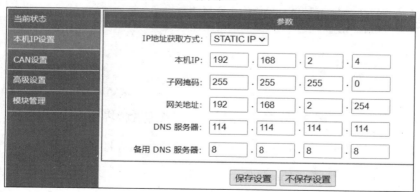

图 3-2-13　IP 地址配置

完成后，先单击"保存设置"按钮，再单击"重新启动模块"按钮，至此 CAN 转以太网设备配置完成。

3．检测倾角传感器工作状态

将计算机 IP 地址配置回 192.168.2.1/24。

运行网络调试工具，协议类型选择"TCP Client"，远程主机地址填写 CAN 转以太网设置 IP 地址，远程主机端口填写"CAN 配置"中的本地/远程端口号：8886，并选择"HEX"格式，如图 3-2-14 所示。

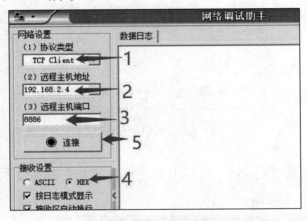

知识链接

CAN 转以太网设备配置的是"TCP Server"服务端工作方式，所以这里网络调试助手必须选择为"TCP Client"客户端类型。

图 3-2-14　网络调试助手操作

单击"连接"按钮，右侧数据日志中会飞快跳出双轴倾角传感器的数据，如图 3-2-15 所示。这时，如果改变传感器的位置和方向，那么数据也会随之发生变化。

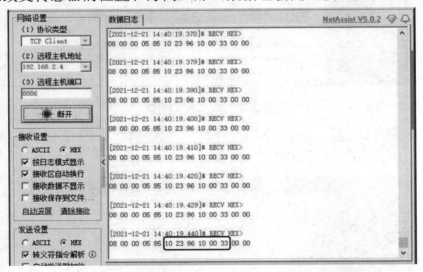

图 3-2-15　网络调试助手获取数据界面

数据说明：10 23 96 10 00 33 对应 Xsign XH XL Ysign YH YL。

- Xsign 表示 X 轴的符号位，00 为正，10 为负。
- XH XL 表示 X 轴的角度，23 96 表示 23.96°。
- Ysign 表示 Y 轴的符号位，00 为正，10 为负。
- YH YL 表示 Y 轴的角度，00 33，表示 0.33°。

返回的数据 10 23 96 10 00 33，表示 X 轴角度为 -23.96°，Y 轴角度为 -0.33°。

4. 配置物联网中心网关

正确配置计算机 IP 地址，并使用浏览器登录物联网中心网关配置界面。

（1）配置连接器。

进入物联网中心网关界面后，单击"配置"→"新增连接器"按钮，进入连接器配置界面，如图 3-2-16 所示，完成在网络设备中添加一个连接器操作，IP 地址对应 CAN 转以太网设备的 IP 地址，端口对应 CAN 转以太网设备中所配置的"本地/远程端口号"。

（2）添加设备。

打开新建的连接器"CAN 转以太网"项目，新增一个设备，如图 3-2-17 所示，其中 CanId 必须填写为双轴倾角传感器中 CAN 的节点号 05。

图 3-2-16 连接器配置

图 3-2-17 新增设备

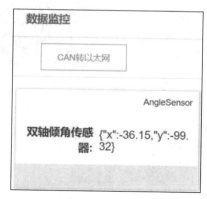

知识链接

CanId 设置为 05 是因为双轴倾角传感器在出厂时，厂家就将其设置为 05，该信息可以从设备说明书中查到。

（3）验证物联网中心网关配置结果。

在数据监控界面中，在 CAN 转以太网的连接器下可以看到双轴倾角传感器上传的 X 轴和 Y 轴的角度数据，如图 3-2-18 所示。旋转双轴倾角传感器时，显示的数值也会发生相应的变化。

5. 配置云平台对接设备

（1）创建物联网中心网关设备。

进入 ThingsBoard 云平台，在设备项目中，新添加一个物联网中心网关设备，如图 3-2-19 所示。填

图 3-2-18 双轴倾角传感器数据显示界面

写设备信息，其中"名称"和"Label"可任意填写，勾选"是网关"复选框，完成物联网中心网关设备的添加。

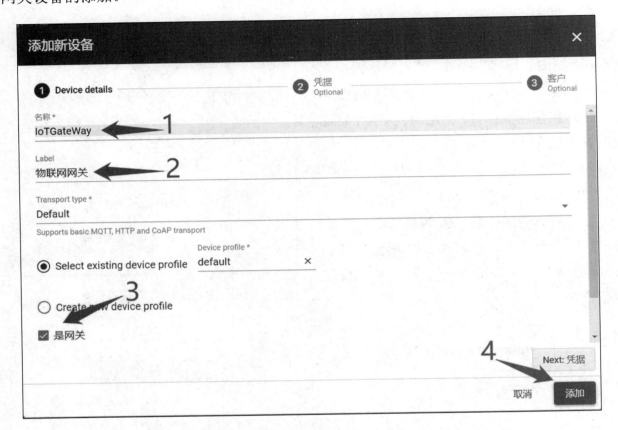

图 3-2-19　物联网中心网关信息配置

（2）配置物联网中心网关与云平台对接。

单击创建好的物联网中心网关设备"IoTGateWay"右侧的"设备凭据"图标，复制设备凭据中的"访问令牌"信息，如图 3-2-20 所示。

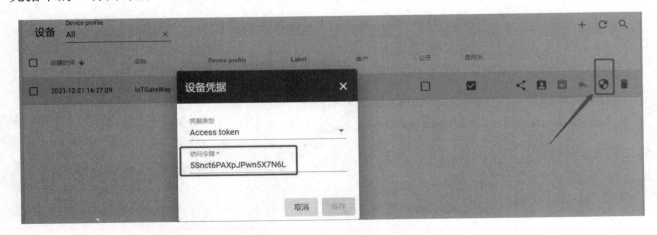

图 3-2-20　复制"访问令牌"信息

将所复制的"访问令牌"信息粘贴到物联网中心网关配置界面中的 Token 中，如图 3-2-21 所示。

图 3-2-21　物联网中心网关令牌配置

至此，完成了物联网中心网关设备与 ThingsBoard 云平台的对接。刷新 ThingsBoard 云平台上的设备列表，可以看到物联网中心网关中的双轴倾角传感器设备 AngleSensor 也显示在设备列表中，如图 3-2-22 所示。

图 3-2-22　刷新设备列表

6．导入云平台仪表板

单击"左侧仪表板库"选项，在仪表板库中，单击"+"号，选择导入仪表板功能，将本书配套资源中的"建筑物倾斜监测系统.json"导入仪表板中。导入后的仪表板界面图 3-2-23 所示。

图 3-2-23　导入后的仪表板界面

7．功能测试

打开"建筑物倾斜监测系统"仪表板，在该界面中可以看到双轴倾角传感器所采集到的建筑物倾斜角度数据，如图 3-2-24 所示。

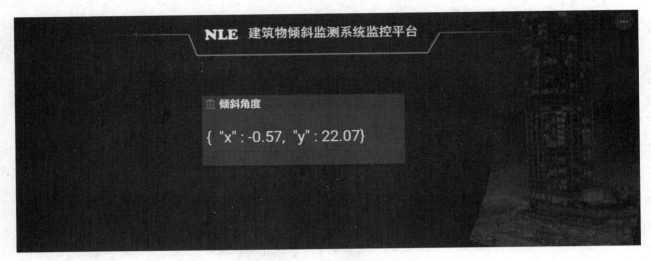

图 3-2-24　最终界面

如果倾斜角度数据无法显示，则可参考项目 2 任务 3 任务实施中"实体别名配置"的操作。

① x 的值表示 X 轴的倾斜角度。

② y 的值表示 Y 轴的倾斜角度。

任务小结

本任务相关知识的思维导图如图 3-2-25 所示。

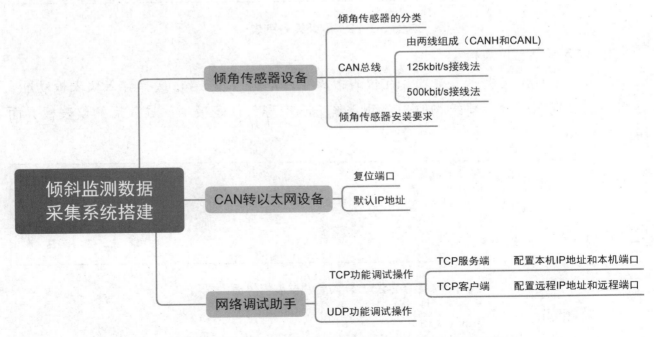

图 3-2-25　任务 2　倾斜监测数据采集系统搭建思维导图

💡 任务工单

项目 3 智慧建筑——建筑物倾斜监测系统环境搭建	任务 2 倾斜监测数据采集系统搭建

一、本次任务关键知识引导

1. 倾角传感器的分类根据测量的方向，可以简单地分为（　　　　）和（　　　　）两种。

2. CAN 通信接口由（　　　　）和（　　　　）组成。

3. CAN 总线数据传输距离最远可达（　　　　）km，最高数据传输速率可达（　　　　）Mbit/s。

4. CAN 总线的两条信号线在没有信号时两条信号线上电压值均为（　　　　）V 左右。

5. CAN 总线两条信号线的电位差为 0V 时，表示逻辑（　　　　）。电位差为 2V 时，表示逻辑（　　　　）。

6. CAN 总线有两种网络拓扑结构：一个是高速 CAN 总线网络，传输速率为（　　　　）kbit/s，另一个是低速 CAN 总线网络，传输速率为（　　　　）kbit/s。

7. 倾角传感器安装时应保持传感器底边线与被测物体轴线（　　　　）或（　　　　）。

8. 要与服务器进行网络调试时，需要将网络调试助手设置为（　　　　）类型。

9. TCP 通信时发送数据给目的地址设备的时候，需要配置设备的（　　　　）和（　　　　）两个参数。

10. UDP 通信是一种（　　　　）和（　　　　）的通信方式。

11. 高速 CAN 总线网络要求在两端各并联一个（　　　　）Ω 的电阻。

  A．120   B．2.2k   C．125k   D．500k

二、任务检查与评价

评价方式	可采用自评、互评、教师评价等方式			
说　明	主要评价学生在项目学习过程中的操作技能、理论知识、学习态度、课堂表现、学习能力等			
序号	评价内容	评价标准	分值	得分
1	知识运用（20%）	掌握相关理论知识，完成本次任务关键知识引导的作答准确率（20 分）	20 分	
2	专业技能（40%）	正确完成"准备设备和资源"操作（+5 分）	40 分	
		正确完成"搭建硬件环境"操作（+5 分）		
		全部正确完成"CAN 转以太网设备配置"操作（+5 分）		
		全部正确完成"检测倾角传感器工作状态"操作（+5 分）		
		全部正确完成"配置物联网中心网关"操作（+5 分）		
		成功完成"配置云平台对接设备"操作（+5 分）		
		成功完成"导入仪表板"的配置操作（+5 分）		
		正确完成"测试功能"操作，并且功能正常（+5 分）		
3	核心素养（20%）	具有良好的自主学习、分析解决问题、帮助他人的能力，整个任务过程中指导过他人并解决过他人问题（20 分）	20 分	
		具有较好的学习能力和分析解决问题的能力，任务过程中未指导过他人（15 分）		
		具有主动学习并收集信息的能力，遇到问题请教过他人并得以解决（10 分）		
		不主动学习（0 分）		
4	职业素养（20%）	实验完成后，设备无损坏、设备摆放整齐、工位区域内保持整洁、未干扰课堂秩序（20 分）	20 分	
		实验完成后，设备无损坏、未干扰课堂秩序（15 分）		
		未干扰课堂秩序（10 分）		
		干扰课堂秩序（0 分）		
总得分				

任务 3 建筑物倾斜监测系统环境搭建

🔭 职业能力目标

- 会根据安装需要连接和使用 RS232 通信线路。
- 会使用和配置串口服务器设备。
- 会使用物联网云平台的仪表板功能添加控件界面。

⏰ 任务描述与要求

任务描述：要求在任务 2 倾斜监测数据采集系统的基础上，进一步新增报警系统功能，报警系统功能要求使用以太网方式连接控制，便于后续的扩展和应用，最终要求实现通过云平台控制报警灯亮灭操作的功能。

任务要求：

- 正确阅读设备接线图，完成设备的安装。
- 正确配置串口服务器设备和物联网中心网关设备。
- 实现通过云平台控制报警灯亮灭操作的功能。

🖥 知识储备

3.3.1 数据通信

数据通信按照传输方式分类，可以分为并行通信和串行通信，如图 3-3-1 所示。

图 3-3-1 并行通信和串行通信

并行通信：特点是数据传输速度快，但是传输距离近、通信成本高，所以在设备调试中并行通信一般较少涉及，这里不对其进行详细介绍。

串行通信：指在一条信道上的数据以位为单位，按时间顺序逐位传输的方式。按位发送，逐位接收，传输速度慢，但因为只需要一条传输信道，投资小，易于实现，所以是设备数据传输中主要采用的传输方式，也是计算机通信主要采取的一种方式。

串行通信按照数据在线路上的允许传输的方向分类，可以分为单工通信、半双工通信和全双工通信，如图 3-3-2 所示。

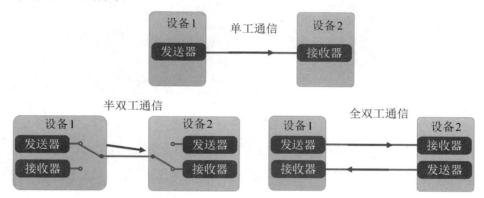

图 3-3-2　按数据传输方向分类

单工通信：只支持数据在一个方向上传输，又称为单向通信，如电视广播都是单工通信。

半双工通信：允许数据在两个方向上传输，但在同一时刻，只允许数据在一个方向上传输，即通信双方都可以发送信息，但不能同时发送（当然也不能同时接收）。这种方式一般用于计算机网络的非主干线路中。

全双工通信：允许数据同时在两个方向上传输，又称为双向同时通信，即通信的双方可以同时发送和接收数据，如现代电话通信提供了全双工传输。这种通信方式主要用于计算机与计算机之间的通信。

串行通信按照工作时钟是否同步分类，可以分为串行异步通信和串行同步通信。

串行异步通信：指通信双方以一个字符（包括特定附加位）作为数据传输单位且发送方传送字符的间隔时间不一定，具有不规则数据段传送特性的串行数据传输。

串行同步通信：指在约定的通信速率下，发送端和接收端的时钟信号频率和相位始终保持一致（同步），这就保证了通信双方在发送和接收数据时具有完全一致的定时关系。

两种串行通信的不同之处就是时间，在发送字符时，串行异步通信以不同时间间隔发送，但串行同步通信只能以固定的时间间隔发送。

在设备安装调试中经常用到的 RS232、RS485、CAN 总线接口都属于串行异步通信方式，其中 RS232 属于全双工通信方式，RS485 和 CAN 属于半双工通信方式。

3.3.2　RS232 通信

在串行通信中，离不开 RS232 通信技术，RS232 通信由于其使用简单、应用范围广，因此被普遍使用在各种设备上，在物联网安装调试中更离不开 RS232 通信技术。

1．RS232 接口

RS232 按照引脚数量分类有两种，分别是 DB25 和 DB9，如图 3-3-3 所示。

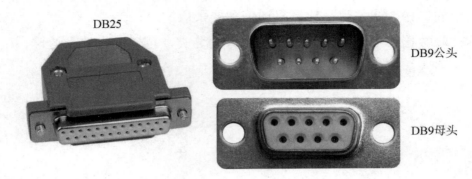

图 3-3-3　RS232 接口

DB25：有 25 根引脚，由于接口物理尺寸较大，已经很少使用，因此这里不进行具体介绍。

DB9：有 9 根引脚，是目前主流的接口形态。9 针 RS232 接口按照接口类型，又可以分为公头（带针脚）和母头（带孔座）。

表 3-3-1 所示为公头 9 针 RS232 接口详细定义。

表 3-3-1　公头 9 针 RS232 接口详细定义

引脚编号	引脚定义	传输方向	说明
1	DCD（Data Carrier Detect）	←	载波检测通知给 DTE
2	RXD（Receive Data）	←	接收数据
3	TXD（Transmit Data）	→	发送数据
4	DTR（Data Terminal Ready）	→	DTE 告诉 DCE 准备就绪
5	GND	—	—
6	DSR（Data Set Ready）	←	DCE 告诉 DTE 准备就绪
7	RTS（Request To Send）	→	请求 DTE 向 DCE 发送数据
8	CTS（Clear To Send）	←	清除发送 DCE 通知 DTE 可以传输数据
9	RI（Ring Indicator）	←	振铃指示 DCE 通知 DTE 有振铃信号

在工业控制中，RS232 接口一般只使用 RXD、TXD、GND 3 根引脚，其他引脚都不使用。图 3-3-4 所示为三线式 RS232 的硬件连接示意图。

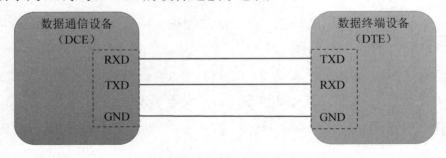

图 3-3-4　三线式 RS232 的硬件连接示意图

三线式 RS232 连接方式中，主要用到接口的 2、3、5 三个引脚，两个接口之间的 RXD 和 TXD 需要交叉连接，也就是 RXD 连接对方的 TXD，TXD 连接对方的 RXD。在 DB9 接口中哪个引脚是 2，哪个引脚是 3 呢？在 DB9 接口的引脚边上标有引脚编号供使用者查看。

注意：三线式 RS232 连接中，设备无法实现硬件流控功能，在进行大量数据传输应用时，建议使用 5 线或 9 线连接方式。RS232 规定的标准传送速率有 50bit/s、75bit/s、110bit/s、150bit/s、300bit/s、600bit/s、1200bit/s、2400bit/s、4800bit/s、9600bit/s、19200bit/s，可以灵活地适应不同速率的设备。对于慢速外设，可以选择较低的传送速率；对于快速外设，可以选择较高的传送速率。

2. RS232 电平

RS232 协议规定逻辑"1"的电平值为-15～-5V，逻辑"0"的电平值为+5～+15V。接口使用一根信号线和一根信号返回线构成共地的传输形式，这种共地传输容易产生共模干扰，所以抗噪声干扰性弱。RS232 传输距离有限，最大传输距离标准值为 50ft（1ft=0.3048m），实际上也只能用在 15m 左右。

注意：由于 RS232 接口的信号电平值较高，所以很容易损坏接口电路的芯片，尤其是打雷或带电插拔接头时。在工程中，如果发现 RS232 接口的设备过一段时间就无法通信，那么可能的原因就是 RS232 接口的问题，可以考虑将 RS232 电平转换成 RS485 信号或 TTL 电平进行传输。

在硬件调试中，有时主板串口可以直接连接计算机的 RS232 接口，而有时却要通过 TTL 转 RS232 的转换线后才能接到 RS232 接口，这又是什么原因呢？

这里需要说下 TTL 电平，TTL 电平信号规定，+5V 等价于逻辑"1"对应的物理电平，0V 等价于逻辑"0"对应的物理电平。TTL 电平最常用于有关电专业，如电路、数字电路、微机原理与接口技术、单片机等课程中都有所涉及。在数字电路中只有两种电平，分别为高电平+5V、低电平 0V。

一般来说，主板上由 SOC 芯片引脚直接引出的串口（芯片中称为 UART 接口）一般是 TTL 电平，而主板 SOC 芯片与输出的串口中间接有转换芯片的可能就是 RS232 电平了。RS232 通常出现在传统的计算机和服务器领域，TTL 通常用于嵌入式设备。如果是 TTL 电平的串口接口要与 RS232 电平的串口接口进行通信，那么中间就需要多连接一个 TTL 与 RS232 电平转接器。

3.3.3 串口服务器

由于 RS232 通信技术的通信距离近，同时只支持点对点通信，所以有些场合需要使用到串口服务器。串口服务器是为 RS232 终端到 TCP/IP 之间完成数据转换的通信接口协议转换器。简单来说，串口服务器就是负责将 RS232 信号与网络信号进行转换的设备。RS232 原本只支持点对点通信，使用了串口服务器后就能支持多对一操作（多计算机对一个串口进行操作）。

图 3-3-5 所示为两款较为通用的串口服务器设备，设备中各数字表示的功能如下。

① 设备复位键
② 设备运行指示灯
③ 以太网口
④ RS232 口
⑤ RS485 口
⑥ 设备复位键
⑦ 设备运行指示灯
⑧ 以太网口
⑨ RS232 口
⑩ RS485 口

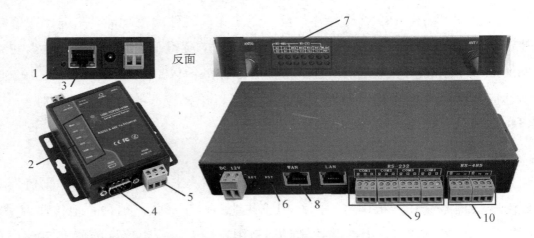

图 3-3-5　两款较为通用的串口服务器设备

从上述设备的功能中可知，串口服务器设备的硬件结构组成通常有复位键、指示灯、以太网口、RS232 口、RS485 口。下面对各硬件结构的功能进行介绍。

复位键：主要用于获取串口服务器的 IP 地址，串口服务器由于涉及 IP 地址，因此通常串口服务器会提供 IP 获取方法，串口服务器有两种常用的获取 IP 地址的方法，分别是使用软件扫描和复位键。使用软件扫描是要求使用串口服务器厂家配套的工具对设备进行 IP 地址搜索，通过软件会搜索到设备 IP 地址。复位键是通过按压设备的复位键将串口服务器的 IP 地址复位成出厂默认 IP 地址。

指示灯：通常有电源指示灯、接收数据指示灯和发送数据指示灯，如图 3-3-6 所示。

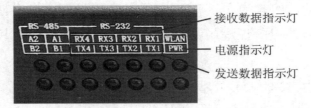

图 3-3-6　串口服务器指示灯

- 电源指示灯：用于指示设备是否开机，如果设备工作异常，那么查看电源灯有没有点亮，是排查故障的首要操作。
- 接收数据指示灯：通常英文标识为 RX，当 RS232 口接收到外部设备发来的数据时，该灯会闪烁，可以通过查看该灯工作情况判断设备是否接收到数据。
- 发送数据指示灯：通常英文标识为 TX，当 RS232 口发送数据给外部设备时，该灯会闪烁，可以通过查看该灯工作情况判断设备是否在发送数据。

以太网口：用于连接网络线，负责以太网信号传输，有些串口服务器还支持 WiFi 网络连接方式。

RS232 口：用于连接 RS232 接口设备，每个串口服务器上的 RS232 接口数量会有所不同，主要有 1 口、2 口、4 口和 8 口，使用时根据需要进行选择。另外，串口服务器上的 RS232 接口通常有两种结构外观，分别是 DB9 接口和 3P 接线端子，如图 3-3-7 所示。

DB9接口 3P接线端子

图 3-3-7 串口服务器 RS232 接口

- DB9 接口：串口服务器上一般都会使用 DB9 公头接口，接口的边上会标注 COM 用于提示。
- 3P 接线端子：该接口由 3 个引脚组成，分别是 RXD、TXD 和 GND，接口边上都会有丝印进行提示。

RS485 口：用于连接 RS485 接口设备，目前大部分串口服务器不仅支持 RS232 转以太网，还支持 RS485 转以太网。

📖 任务实施

任务实施前必须先准备好以下设备和资源。

序号	设备/资源名称	数量	是否准备到位（√）
1	路由器	1 个	
2	交换机	1 个	
3	物联网中心网关	1 个	
4	倾角传感器	1 个	
5	CAN 转以太网设备	1 个	
6	串口服务器	1 个	
7	4150 采集控制器	1 个	
8	报警灯	1 个	
9	RS232 转 RS485 无源转换器	1 个	
10	3P 转 DB9 线	1 根	
11	网线	5 根	
12	计算机	1 台	
13	电源适配器	3 个	

1. 搭建硬件环境

完成建筑物倾斜监测系统的硬件环境搭建，本次实验的硬件环境是在任务 2 的硬件环境基础上，进一步增加下列线路连线。

认真识读图 3-3-8 中的设备接线图，其中底色为透明部分的电路接线图为任务 2 中的设备接线，底色为灰色部分的电路接线图为本次任务新增的部分。完成设备的安装和接线，保证设备接线正确。

> **温馨提示**
>
> 本次实验结果只使用到了任务2的路由器、物联网中心网关、交换机设备的配置。

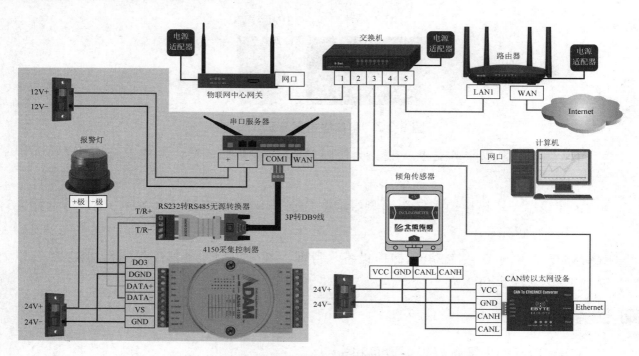

图 3-3-8 建筑物倾斜监测系统环境搭建接线图

2. 配置串口服务器

在配置串口服务器之前，需要先获取串口服务器 IP 地址。

（1）修改串口服务器 IP 地址。

首先，在串口服务器通电状态下用顶针长按"RST"5s 以上释放，这时电源指示灯从灯灭又亮起即完成串口服务器 IP 地址的复位，复位后的 IP 地址为 192.168.14.200:8400，但该复位不能重置串口服务器的参数配置。

其次，配置计算机 IP 地址，如图 3-3-9 所示。

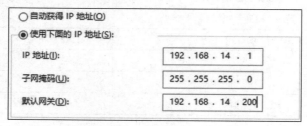

图 3-3-9 计算机 IP 地址配置

最后，使用浏览器访问串口服务器配置界面地址 192.168.14.200:8400，如图 3-3-10 所示。

图 3-3-10 登录串口服务器配置界面

登录完成后，先单击配置界面右下角"Network"按钮，再单击"Configuration"按钮，如图 3-3-11 和图 3-3-12 所示。

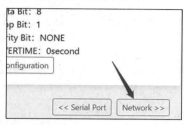

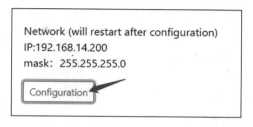

图 3-3-11　单击"Network"按钮　　　图 3-3-12　单击"Configuration"按钮

在 IP 地址配置界面将 IP 地址（IP Address）改为 192.168.2.200，子网掩码（Subnet Mask）改为 255.255.255.0，如图 3-1-13 所示，完成后单击"Submit"按钮。

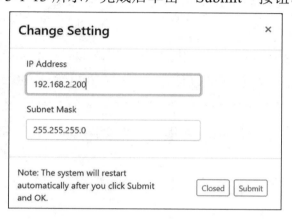

图 3-3-13　配置 IP 地址

串口服务器的 IP 地址配置完成后必须重启设备才能生效。串口服务器 IP 地址修改完成后，需要将计算机的 IP 地址修改回 192.168.2.0 的网段。

（2）配置串口服务器端口。

本次使用的是串口服务器的 COM1 口，所以需要对 COM1 口进行配置，单击 COM1 口的"Configuration"按钮，按图 3-3-14 所示完成 COM1 口的配置。

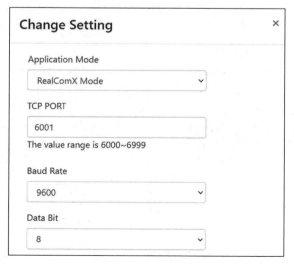

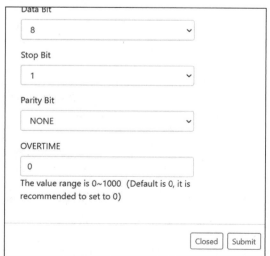

图 3-3-14　配置 COM1 口

- Application Mode（应用模式）：必须选择为（RealComX Mode）模拟串口模式。
- TCP PORT（TCP 端口）：取值范围为 6001～6999，可以根据需要选择，这里按默认即可。
- Baud Rate（波特率）：需要配置成和 T0222 的串口波特率一致，这里选 9600。
- Data Bit（数据位）：选择 8 位。
- Stop Bit（停止位）：选择 1 位。
- Parity Bit（校验位）：选择 NONE（无）。
- OVERTIME（超时）：填 0。

端口配置完成后，需要重启串口服务器配置才能生效。

3. 配置 4150 采集控制器

首先，断开 4150 采集控制器与串口服务器的连接，将 4150 采集控制器与计算机 USB 口相连，可以使用 USB 转串口线连接。然后，将 4150 采集控制器的通信波特率配置为 9600，地址配置为 1。配置完成后，需要将 4150 采集控制器接回串口服务器。

> **知识链接**
>
> 4150 采集控制器的配置操作可以查阅项目 2 任务 1 任务实施中的"数字量采集控制器配置"。

4. 配置物联网中心网关

（1）添加连接器。

进入物联网中心网关配置界面后，单击"配置"→"新增连接器"按钮，进入连接器配置界面，如图 3-3-15 所示，完成在串口设备中添加一个连接器。

图 3-3-15　添加连接器

- 连接器设备类型：Modbus over Serial。
- 设备接入方式：串口服务器接入。
- 串口服务器 IP：192.168.2.200。
- 串口服务器端口：填写 COM1 口的 TCP PORT 号。

（2）新增设备。

打开新建的连接器"4150 采集控制器"项目，新增一个设备，如图 3-3-16 所示，其中设备类型选择"4150"，设备地址为"1"。

完成设备新增后，单击新增的"4150 采集控制器"项目，在"4150 采集控制器"项目下单击"新增执行器"按钮，按图 3-3-17 所示新增一个报警灯设备。

（3）验证报警灯添加结果。

在"数据监控"界面的 4150 采集控制器中，可以通过单击"报警灯"按钮，控制实际报警灯亮灭，如图 3-3-18 所示。

图 3-3-16　新增设备

图 3-3-17　新增执行器

图 3-3-18　报警灯按钮

5．配置云平台

（1）对接报警灯设备。

进入 ThingsBoard 云平台，由于在任务 2 中已经配置好了物联网中心网关与云平台的对接，所以这里只需要在设备项目中，刷新一下设备，便可看到报警灯设备——AlarmLamp 设备，如图 3-3-19 所示。

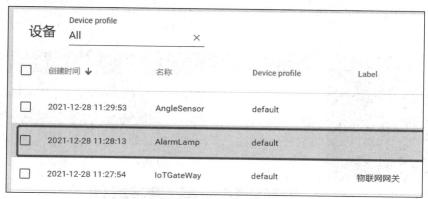
图 3-3-19　显示报警灯设备

（2）添加报警灯视图。

首先，在仪表板库打开任务 2 中创建好的"建筑物倾斜监测系统"仪表板，在"建筑物倾斜监测系统"仪表板中单击"编辑"→"实体别名"→"添加别名"按钮，填入添加的实体别名信息，再单击"添加"→"保存"按钮，完成报警灯实体添加，如图 3-3-20 所示。

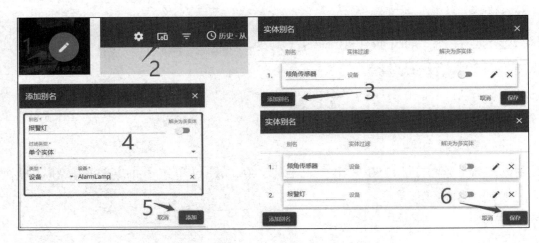

图 3-3-20　添加报警灯实体别名

然后，需要在如图 3-3-21 所示位置添加一个报警灯的按钮控件。

图 3-3-21　报警灯按钮控件位置

如图 3-3-22 所示，先单击"创建新部件"按钮，选择"Control widgets"控制包，再单击"Switch control"控件，目标设备选择"报警灯"，Switch title 填写为"报警灯"，最后单击"添加"按钮。

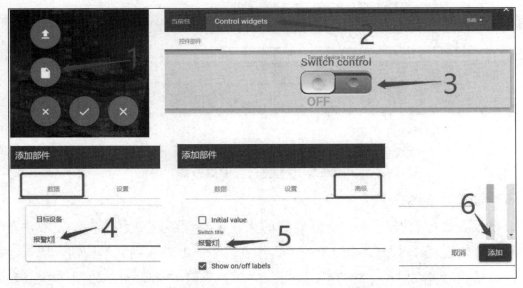

图 3-3-22　报警灯按钮控件位置

最后，将新创建的"报警灯"控件拖至指定位置后，单击"应用更改"按钮，如图 3-3-23 所示。

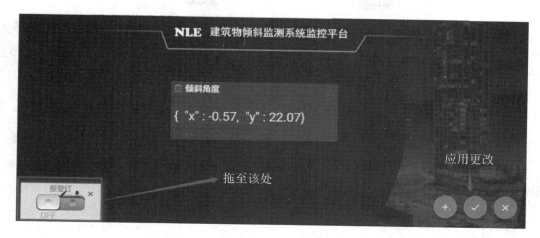

图 3-3-23　报警灯按钮位置调整

6. 测试功能

单击"建筑物倾斜监测系统"仪表板中的"报警灯"按钮时，可以通过串口服务器的 COM1 口控制报警灯亮灭，如图 3-3-24 所示。

图 3-3-24　最终控制界面

📖 任务小结

本任务相关知识的思维导图如图 3-3-25 所示。

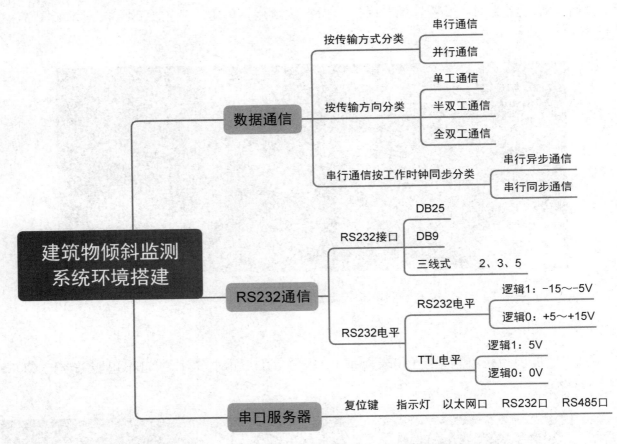

图 3-3-25　任务 3　建筑物倾斜监测系统环境搭建思维导图

🎓 任务拓展

在本次硬件环境的基础上，使用本书配套资源中的虚拟串口软件"USR-VCOM"，如图 3-3-26 所示。

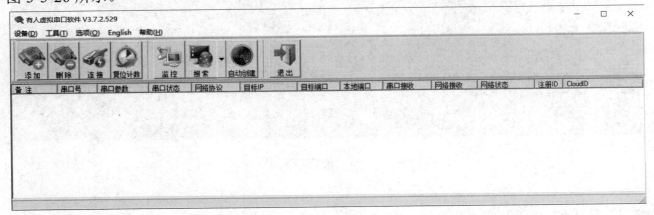

图 3-3-26　虚拟串口软件"USR-VCOM"的界面

为计算机虚拟一个 COM8 口，映射到串口服务器的 COM1 端口上，要求结果可以使用串口助手工具发送指令，通过虚拟出的 COM8 口控制 4150 采集控制器上的报警灯亮灭。

🔆 任务工单

项目 3　智慧建筑——建筑物倾斜监测系统环境搭建	任务 3　建筑物倾斜监测系统环境搭建

一、本次任务关键知识引导

1. 数据通信按照传输方式分类，可以分为（　　　　　　）和（　　　　　　）。

2. 在一条信道上的数据以位为单位，按时间顺序逐位传输的方式叫作（　　　　　　　）。

3. 串行通信按照数据在线路上的允许传输的方向分类，可以分为（　　　　　　）、（　　　　　　）和（　　　　　　）。

4. 允许数据同时在两个方向上传输的通信方式称为双向同时通信，也称为（　　　　　　）通信。

5. 串行通信按照工作时钟是否同步分类，可以分为串行（　　　　　　）通信和串行（　　　　　　）通信。

6. RS232 按照引脚数量分类有两种，分别是（　　　　　　）和（　　　　　　）。

7. RS232 采用三线式方式连接时，主要用到的引脚是（　　　　）、（　　　　）和（　　　　　）三个引脚。

8. RS232 协议规定电平值为-15～-5V，表示的是逻辑（　　　　），电平值为+5～+15V，表示的是逻辑（　　　　）。

9. 串口服务器是负责将（　　　　　　）信号与（　　　　　　）信号进行转换的设备。

10. RS232 接口中 RXD 的标识代表的意思是（　　　　）。

    A. 接收数据　　　　　　B. 发送数据　　　　　　C. 复位设备　　　　　　D. 待机状态

二、任务检查与评价

评价方式	可采用自评、互评、教师评价等方式			
说　　明	主要评价学生在项目学习过程中的操作技能、理论知识、学习态度、课堂表现、学习能力等			
序号	评价内容	评价标准	分值	得分
1	知识运用（20%）	掌握相关理论知识，完成本次任务关键知识引导的作答准确率（20 分）	20 分	
2	专业技能（40%）	正确完成"准备设备和资源"操作（+5 分）	40 分	
		正确完成"搭建硬件环境"操作（+10 分）		
		全部正确完成"配置串口服务器"操作（+5 分）		
		全部正确完成"配置 4150 采集控制器"操作（+5 分）		
		全部正确完成"配置物联网中心网关"操作（+5 分）		
		成功完成"配置云平台"操作（+5 分）		
		正确完成"测试功能"操作，并且功能全部正常（+5 分）		
3	核心素养（20%）	具有良好的自主学习、分析解决问题、帮助他人的能力，整个任务过程中指导过他人并解决过他人问题（20 分）	20 分	
		具有较好的学习能力和分析解决问题的能力，任务过程中未指导过他人（15 分）		
		具有主动学习并收集信息的能力，遇到问题请教过他人并得以解决（10 分）		
		不主动学习（0 分）		
4	职业素养（20%）	实验完成后，设备无损坏、设备摆放整齐、工位区域内保持整洁、未干扰课堂秩序（20 分）	20 分	
		实验完成后，设备无损坏、未干扰课堂秩序（15 分）		
		未干扰课堂秩序（10 分）		
		干扰课堂秩序（0 分）		
总得分				

项目 4

智能零售——商超管理系统安装与调试

📝 引导案例

福建省福清市地少人多，在每位福清人的心里都有一个念头——只有走出去才有出路。据福清市侨办统计，1979 年至今，福清市出国人数高达几十万，这些人分布在世界上百个国家和地区。目前，在阿根廷定居着近十万名福清市人。他们在阿根廷开了约一万家超市，占比超过阿根廷超市总数的四成，已成为该国中小规模零售业的主力军。

随着超市规模的壮大，超市运营方面面临着各种各样的问题，最突出的问题是员工代打卡、商品管理不善及商品丢失。对于这些问题，可以使用人脸识别系统、条码识别技术和 RFID 技术进行解决。人脸识别系统先利用高效人脸抓拍识别摄像机对人脸进行抓拍，然后将图像推送到后台服务器进行比对，最后输出结果，可以有效防止漏打卡情况发生；条码作为现代商品的属性，具有使用便捷、几乎无成本的特点，可以很好地提高商品的管理和结算效率；RFID 技术具有无线感知能力，在商品的防丢失管理中起到重要的作用。图 4-0-1 所示为人脸识别考勤系统和 WiFi 二维码应用实例。

现有一个小型超市要进行智能化升级改造，要求能对员工的考勤进行监控，防止代打卡情况发生；并能对临时上架的商品进行快速管理，提高顾客的购买体验便利性；防止商品丢失。对于客户的要求，公司设计了一个解决方案。

方案涉及的主要事项：

- 为防止员工代打卡情况发生，采用人脸识别系统进行考勤管理。
- 针对临时上架的商品，采用备用条码进行商品的标识管理。
- 增加 WiFi 扫描联网二维码，提高顾客的购买体验便利性。
- 为贵重商品新增 RFID 电子标签，防止商品丢失。

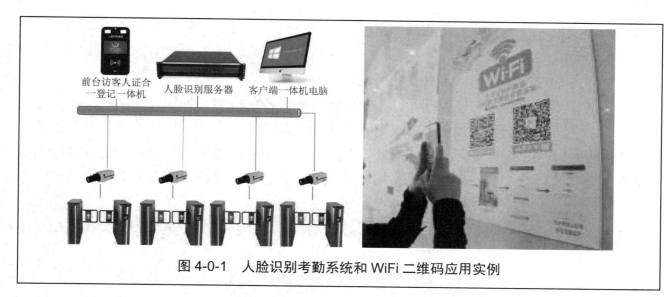

图 4-0-1　人脸识别考勤系统和 WiFi 二维码应用实例

任务 1　考勤识别系统的安装与调试

🔭 职业能力目标

- 能够配置人脸识别摄像机设备。
- 能够配置人脸识别摄像机的本地人脸库。
- 能够配置人脸识别摄像机与物联网中心网关的对接。

⏰ 任务描述与要求

任务描述：完成超市管理系统中员工考勤管理系统的安装与调试，要求采用人脸识别摄像机对员工进行人脸考勤打卡。

任务要求：

- 设置人脸识别摄像机的 IP 地址和登录密码。
- 完成人脸库的配置，完成人脸抓拍和比对功能的调试。
- 完成物联网中心网关与人脸识别摄像机的联调。

🖥 知识储备

4.1.1　人脸识别摄像系统设备

人脸识别摄像系统涉及的设备主要有网络摄像机、POE 交换机和 PD 分离器。

1. 人脸识别摄像机

人脸识别摄像机属于网络摄像机的一种，网络摄像机又称为 IP Camera（简称 IPC），主要由网络编码模块和模拟摄像机组成，网络编码模块负责将模拟摄像机采集到的模拟视频信号编码压缩成数字信号，因其具有网络输出接口，所以可以直接接入由网络交换机或路由器设备组成的本地局域网，也可以接入互联网进行数据传输。

人脸识别摄像机通过智能识别技术，进行人流和人脸的检测、识别与追踪。将其安装在希望计数、抓拍、分析人流的入口或通路，能进行人数计算、人脸抓拍、人员属性分析等工作。各进出方向的人脸数据会被记录到系统中，数据再通过局域网被送到设定的云服务器中。人脸识别摄像机的特点是能在宽阔的范围内检测、抓拍人脸动态，具有自动抓拍和自动储存功能，能进行人脸识别和人脸比对、追踪，能实现智能监控。

人脸识别摄像机的接口一般有电源口、以太网口、联控接口、音频口和视频输出口五种接口，图 4-1-1 所示为某款人脸识别摄像机的接口。

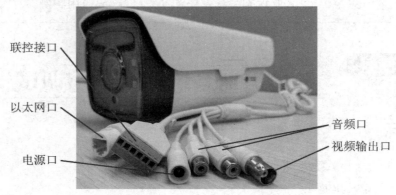

图 4-1-1　某款人脸识别摄像机的接口

① **电源口**：用于给人脸识别摄像机供电，通常有直插和端接两种类型。

② **以太网口**：用于连接网线，使设备接入互联网，也是摄像机的配置连接接口。

③ **联控接口**：主要用于连接外部报警器或传感器等设备，如红外感应、报警灯、门禁等。

④ **音频口**：有输入和输出两种接口，可接麦克风、音响等设备。

⑤ **视频输出口**：输出人脸识别摄像机拍摄到的视频画面信号，通常连接显示屏或录像机等设备。

2. POE 交换机

POE（Power Over Ethernet，以太网供电）指的是在现有的以太网 Cat.5 布线基础架构不进行任何改动的情况下，在为一些基于 IP 的终端（如 IP 电话机、无线局域网接入点 AP、人脸识别摄像机等）传输数据信号的同时，能为此类设备提供直流电的技术。总之，POE 交换机既为人脸识别摄像机提供有线网络信号，又提供直流电源。通常用在施工现场条件有限制的情况下。图 4-1-2 所示为某款 POE 交换机。

图 4-1-2　某款 POE 交换机

3. PD 分离器

随着 POE 供电技术的广泛应用，为了解决一些不支持 POE 供电的受电设备，如人脸识别摄像机的供电问题，市面上推出了 PD 分离器。它的出现为不支持 POE 供电的设备融入 POE 网络提供了便利，人脸识别摄像机不用为了照顾插座的远近而牺牲最佳的安装位置。PD 分离器将电源分离成数据信号和电力，有两根输出线，一根是电力输出线；另一根是网络数据信号输出线，即普通网线，如图 4-1-3 所示。PD 分离器电力输出有 5V、9V、12V 等，可以匹配各种 DC 输入的非 POE 受电终端，支持 IEEE 802.3af/802.3at 标准。

图 4-1-3　PD 分离器

4.1.2　人脸识别摄像机的设置

1. 查询人脸识别摄像机的 IP 地址

一般人脸识别摄像机都配备专用的 IP 搜索软件用来查询设备的 IP 地址。图 4-1-4 所示为某款人脸识别摄像机的 IP 搜索软件。

图 4-1-4　某款人脸识别摄像机的 IP 搜索软件

只需要将人脸识别摄像机直连计算机或连入局域网，即可查询 IP 地址，以便下一步设备访问使用。另外，很多人脸识别摄像机的外壳上贴有默认 IP 的标签，以便施工使用。

2. 恢复出厂设置

在一般情况下人脸识别摄像机的恢复出厂设置是在设备上进行硬件复位。图 4-1-5 所示为某款人脸识别摄像机的复位按钮，长按复位按钮 5s 左右后松开，即可完成设备的复位。完成复位后可直接使用设备的出厂 IP 地址，并用浏览器直接登录后台配置界面，进行 IP 地址重新设置。

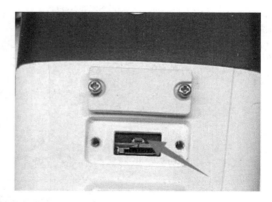

图 4-1-5　某款人脸识别摄像机的复位按钮

另外，通过人脸识别摄像机的后台配置界面，也可以对设备进行恢复出厂设置。此情况只适用于设备 IP 地址已知的情况，否则只能用硬件复位。

3. 显示效果配置

人脸识别摄像机的显示效果配置通常在后台配置界面进行，使用浏览器首次登录设备的后台配置界面时，通常会提示安装控件，这时只要先按提示安装完控件，再重新运行浏览器即可顺利登录后台配置界面。另外，有些小工厂生产的人脸识别摄像机会指定使用的浏览器，如指定 IE 浏览器。人脸识别摄像机的拍摄效果是在 WEB 界面的云平台上进行调试的。图 4-1-6 所示为某款人脸识别摄像机的调试界面。人脸识别摄像机的调焦有手动调焦和自动调焦两种方法。

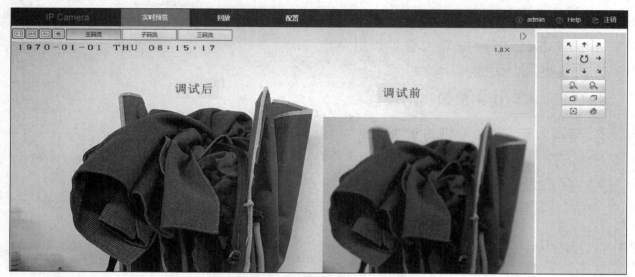

图 4-1-6　某款人脸识别摄像机的调试界面

4. IP 地址设置

在正式使用人脸识别摄像机之前，要对人脸识别摄像机的 IP 地址进行设置。人脸识别摄像机的 IP 地址设置通常有两种方式，一种是静态 IP 地址，该方式由用户设置指定的 IP 地址给人脸识别摄像机；另一种是动态分配，即 DHCP，该方式由上级网络自动分配 IP 地址给人脸识别摄像机。在工程项目中通常采用静态 IP 地址方式，这样在后续人脸识别摄像机管理的时候，很容易找到指定的人脸识别摄像机。个人家用摄像机中的 IP 地址通常采用动态分配方式，原因是普通用户一般不太懂专业技术。图 4-1-7 所示为某款网络摄像机的 IP 配置界面。

图 4-1-7　某款网络摄像机的 IP 配置界面

5. 人脸库配置

人脸识别摄像机的显著特征是人脸抓拍和人脸比对。因为在每一次人脸抓拍后系统都要进行人脸信息比对，所以人脸识别摄像机需要配置人脸库中的信息，人脸库的配置分为设备端配置和服务器端配置。

设备端配置是指将人脸信息直接录入设备，优点是识别人脸的速度快，缺点是摄像机成本相对较高且不便于管理。该方式主要用于单个摄像机或摄像机设备数量少的时候。

服务器端配置是指将人脸信息保存在后台服务器上，优点是摄像机设备价格低，缺点是识别速度慢。该方式主要用于系统中摄像机数量较多的时候，如园区、社区等地方。

4.1.3 人脸识别摄像机的安装要求

为了保证最佳的人脸抓拍、识别效果，避免人脸重叠遮挡，确保不同身高的人都可以被抓拍到，设备的安装需要符合以下要求，如图 4-1-8 所示。

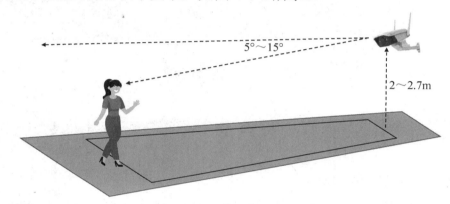

图 4-1-8 人脸识别摄像机安装位置

① 人脸识别摄像机安装在通道正前方，拍摄方向与通道方向一致。

② 人脸识别摄像机俯视角度为 5°～15°。

③ 人脸识别摄像机安装高度为 2～2.7m。

④ 人脸识别摄像机拍摄区域的焦点应在通道出入口处。

⑤ 保证人脸光照均匀，避免人脸出现逆光、强光和阴阳脸的情况，在光照强度低于 100lx 时，需要采用白色光源对被拍摄者进行补光。

📖 任务实施

任务实施前必须先准备好以下设备和资源。

序号	设备/资源名称	数量	是否准备到位（√）
1	物联网中心网关	1 个	
2	路由器	1 个	
3	交换机	1 个	
4	计算机	1 台	
5	电源适配器	4 个	
6	人脸识别摄像机	1 个	
7	网线	若干	

1. 搭建硬件环境

认真识读图 4-1-9，完成设备安装和接线，要求设备安装整齐美观，接线遵循横平竖直和就近原则。

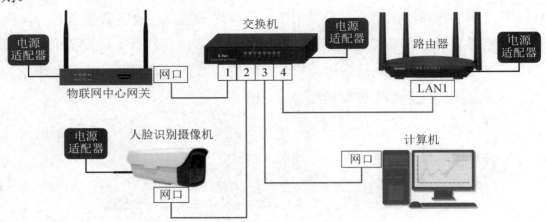

图 4-1-9　系统拓扑图

2. 配置路由器

正确配置计算机 IP 地址，完成对路由器 IP 地址的配置，要求将路由器 IP 地址配置为 192.168.2.254/24。

3. 配置物联网中心网关 IP 地址

正确配置计算机 IP 地址，完成对物联网中心网关 IP 地址的配置，要求将物联网中心网关 IP 地址配置为 192.168.2.3/24。

4. 配置人脸识别摄像机的 IP 地址

打开软件工具 Guard Tools，刷新页面，即可看到设备信息，如图 4-1-10 所示。

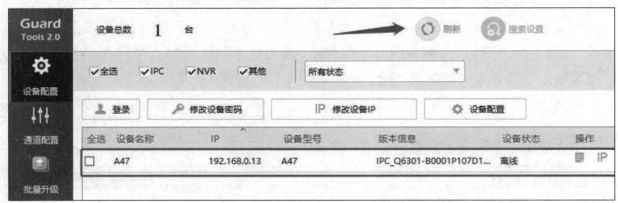

图 4-1-10　查看人脸识别摄像机信息

设置计算机的 IP 地址与人脸识别摄像机的 IP 地址为同一个网段，具体操作如下。

单击"登录"按钮，输入用户名"admin"和密码"admin123"，即可完成登录，登录成功后单击 IP 地址配置按钮可进行 IP 地址修改配置，如图 4-1-11 所示。

注意：严禁修改设备密码，该设备无法进行密码复位。

图 4-1-11　登录人脸识别摄像机

这里将人脸识别摄像机的 IP 地址修改为 192.168.2.13，如图 4-1-12 所示。

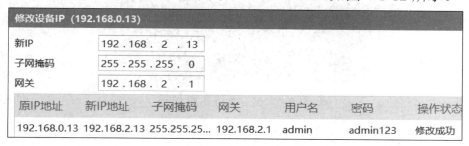

图 4-1-12　修改 IP 地址成功的界面

5．配置人脸库

（1）登录配置界面。

将计算机的 IP 地址配置成与人脸识别摄像机同一个网段（这里配置成 192.168.2.2），可直接在 IE 浏览器上输出人脸识别摄像机的 IP 地址。登录人脸识别摄像机 WEB 界面，默认用户名为 admin，密码为admin123，如图 4-1-13 所示。

图 4-1-13　用 IE 浏览器登录 WEB 界面

初次登录成功后，界面会提示下载控件，按提示进行安装，安装完毕后重新登录设备，即可正常显示登录界面，如图 4-1-14 所示。

图 4-1-14　安装控件

（2）调试拍摄焦距。

成功登录人脸识别摄像机 WEB 界面后，在实况界面选择控制面板，单击调试按钮调试拍摄效果，使得界面的显示效果清晰可见，如图 4-1-15 所示。

图 4-1-15　调试拍摄效果

（3）添加人脸库。

在"智能功能配置"标签页中选择"人脸库"选项，进行人脸库添加，人脸库名称按实际需求填写，如图 4-1-16 所示。

图 4-1-16　添加人脸库

在新增人脸库中，进行人脸添加，"姓名"和"人脸底图"选项是必填项。上传的照片有格式要求，按要求上传照片，其他资料可不填，如图 4-1-17 所示。

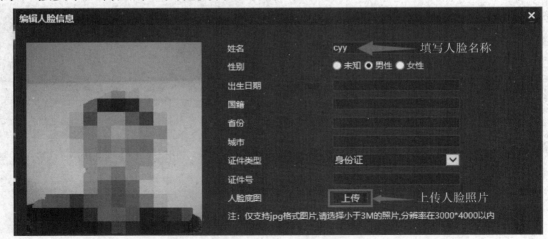

图 4-1-17　填写人脸名称和上传人脸照片

（4）人脸布控设置。

人脸库配置完毕后，需要进行人脸布控，在"智能功能配置"标签页选择"人脸布控"选项，填写布控任务名称和布控原因，其他选项保持默认，最后必须选择要布控的人脸库，如图 4-1-18 所示。

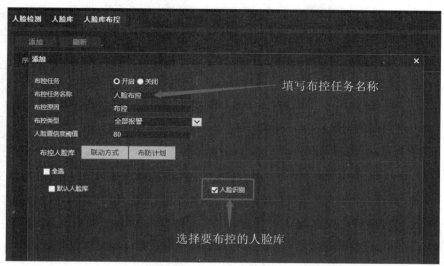

图 4-1-18　布控人脸库

（5）人脸抓拍比对。

人脸库配置完毕后，在实况界面中，单击抓拍按钮，人脸识别摄像机即可对抓拍到的人脸进行比对，并把比对记录显示在"人脸对比记录"选项卡中，如图 4-1-19 所示。

图 4-1-19　人脸抓拍比对

6. 配置物联网中心网关

（1）新建连接器。

在物联网中心网关配置界面，依次选择"新增连接器"→"网络设备"选项，自定义网络设备连接器名称，将"网络设备连接器类型"设置为"NLE YV SHI CAMERA"，将"数据监听 IP 地址"设置为物联网中心网关 IP 地址，本例为"192.168.2.3"，将"数据监听端口"设置为"6669",如图 4-1-20 所示。

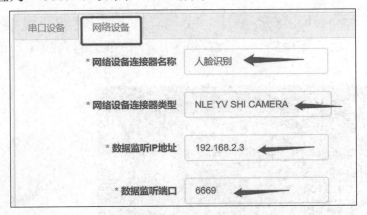

温馨提示

数据监听端口可自行指定（本例为 6669），只要不和物联网中心网关上的端口冲突即可。

图 4-1-20　新增连接器

（2）新增人脸识别摄像机设备。

查看连接器创建情况。连接器应处于正在运行状态，若创建失败，则可能是端口冲突，这时需要重新编辑连接器，或者删除连接器再重新添加连接器，如图 4-1-21 所示。

图 4-1-21　新增成功的连接器界面

新增摄像头设备：在连接器列表中先选择上述添加的连接器（本例为人脸识别），再选择"新增 YV SHI 摄像头"选项，按规范自定义传感名称和标识名称，摄像头 IP 根据实际情况填写（本例为"192.168.2.13"），摄像头端口和传感类型保持默认，如图 4-1-22 所示。

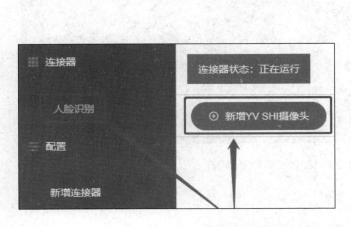

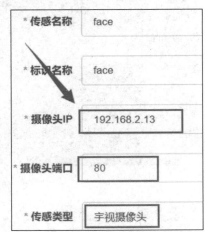

图 4-1-22　连接器下添加摄像头设备

7．测试功能

在物联网中心网关配置界面中选择"数据监控"选项，可查看摄像机抓拍实时同步到网关数据监控中心的人脸数据，如图 4-1-23 所示。

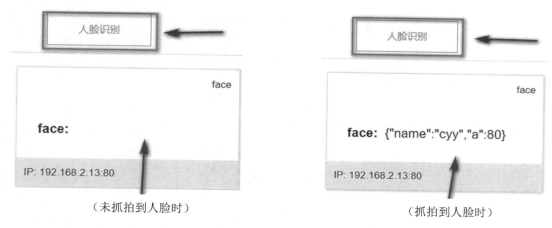

（未抓拍到人脸时）　　　　　　　　（抓拍到人脸时）

图 4-1-23　网关数据监控中心

① 在没有抓拍到人脸时，face 之后显示为空。

② 在抓拍到人脸时，face 之后显示用户数据信息，其中"cyy"表示用户名称，"80"表示相似度。

任务小结

本任务相关知识的思维导图如图 4-1-24 所示。

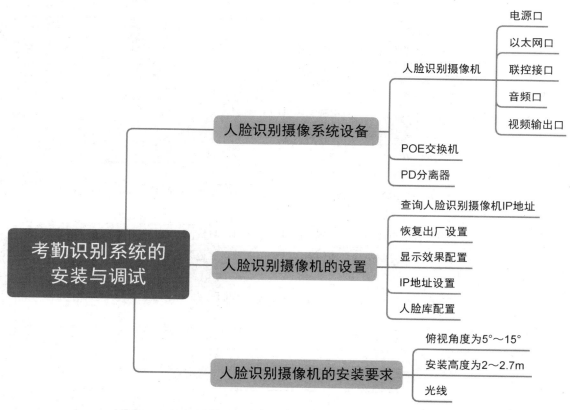

图 4-1-24　任务 1　考勤识别系统的安装与调试思维导图

任务工单

项目4　智能零售——商超管理系统安装与调试	任务1　考勤识别系统的安装与调试

一、本次任务关键知识引导

1. 人脸识别摄像机属于（　　　　　　）的一种，网络摄像机简称（　　　　）。

2. 人脸识别摄像机的接口一般有（　　　　　　）、（　　　　　　）、（　　　　　　）、（　　　　　　）和（　　　　　　）五种。

3. POE 在传输数据信号的同时，能为设备提供（　　　　　　）。

4. （　　　　　　）设备是为了解决一些不支持 POE 供电的受电设备的供电问题。

5. 人脸识别摄像机的调焦有（　　　　）调焦和（　　　　）调焦两种方法。

6. 人脸识别摄像机的 IP 地址设置通常有两种方式，一种是（　　　　），另一种是（　　　　）。

7. 人脸识别摄像机中人脸库的配置分为（　　　　　　）配置和（　　　　　　）配置。

8. 人脸识别摄像机安装应保证人脸光照均匀，避免人脸出现（　　　　）、强光和阴阳脸的情况，光照强度低于（　　　　）的情况。

9. PD 分离器将电源分离成数据信号和（　　　　）。

　　A. 天线　　　　　　B. 电力　　　　　　C. 公共地　　　　　　D. 控制信号

二、任务检查与评价

评价方式	可采用自评、互评、教师评价等方式			
说　　明	主要评价学生在项目学习过程中的操作技能、理论知识、学习态度、课堂表现、学习能力等			
序号	评价内容	评价标准	分值	得分
1	知识运用（20%）	掌握相关理论知识，完成本次任务关键知识引导的作答准确率（20分）	20分	
2	专业技能（40%）	全部正确完成"准备设备和资源"操作（+5分）	40分	
		全部正确完成"搭建硬件环境"操作（+5分）		
		全部正确完成"配置路由器"操作（+5分）		
		全部正确完成"配置物联网中心网关 IP 地址"操作（+5分）		
		全部正确完成"配置人脸识别摄像机的 IP 地址"操作（+5分）		
		成功完成"配置人脸库"操作（+5分）		
		全部正确完成"配置物联网中心网关"操作（+5分）		
		正确完成"测试功能"操作，并且功能全部正常（+5分）		
3	核心素养（20%）	具有良好的自主学习、分析解决问题、帮助他人的能力，整个任务过程中指导过他人并解决过他人问题（20分）	20分	
		具有较好的学习能力和分析解决问题的能力，任务过程中未指导过他人（15分）		
		具有主动学习并收集信息的能力，遇到问题请教过他人并得以解决（10分）		
		不主动学习（0分）		
4	职业素养（20%）	实验完成后，设备无损坏、设备摆放整齐、工位区域内保持整洁、未干扰课堂秩序（20分）	20分	
		实验完成后，设备无损坏、未干扰课堂秩序（15分）		
		未干扰课堂秩序（10分）		
		干扰课堂秩序（0分）		
总得分				

商品标签与扫码联网标签制作

🔭 职业能力目标

- 能使用软件工具制作 Code39 码。
- 能够根据需要制作二维码标签。

⏰ 任务描述与要求

任务描述：超市中经常会销售一些没有条码的商品（如大白菜），现超市要求制作一些一维码放在收银台边上，用于给店员快速扫描，替代人工输入商品编码。同时为解决顾客手机结账时没有网络的问题，超市为顾客提供免费 WiFi 连接服务。

任务要求：
- 使用一维码制作软件生成产品编码为 LS001 的 Code39 码。
- 使用路由器发布一个 WiFi 连接热点。
- 使用二维码制作软件制作一个 WiFi 连接二维码。

💻 知识储备

4.2.1 一维码结构

1. 一维码构成

一个完整的条码的组成次序依次为静区（前）、起始符、数据符、中间分隔符（主要用于 EAN 码）、校验符、终止符、静区（后），如图 4-2-1 所示。

图 4-2-1 一维码构成

静区：指条码左右两端外侧与空的反射率相同的限定区域，它能使阅读器进入准备阅读状态。当两个条码相距较近时，静区有助于区分两个条码，静区的宽度通常不小于 6mm（或

10 倍模块宽度），左侧空白区用于让扫描设备做好扫描准备，右侧空白区用于保证扫描设备正确识别条码的结束标记。

起始符：第一位字符，具有特殊结构，当扫描器读取该字符时，便开始正式读取代码。

数据符：条码的主要内容。它包含条码所表达的特定信息。

校验符：检验读取的数据是否正确。不同编码可能会有不同的校验规则。

终止符：最后一位字符，具有特殊结构，用于告知代码扫描完毕，还起到只是进行校验计算的作用。

2．Code39 码

通常超市中销售的商品使用的条码格式是 EAN-13 码制，但不是绝对的，另外还有一种码制叫作 Code39 码。Code39 码是条码的一种，由于其具有编制简单、能够对任意长度的数据进行编码、支持设备广泛等特性而被广泛采用。因此这里将使用 Code39 码绘制商品条码。图 4-2-2 所示为 Code39 码结构。

Code39 码由静区、起始符、数据符、终止符四部分组成，Code39 码不包含校验符，所以其优点是使用起来方便、结构简单、容易读懂，但是缺点是可靠性低。

图 4-2-2　Code39 码结构

Code39 码可表示数字、英文字母，以及-、.、/、+、%、$、空格和*共 44 个字符，其中*仅作为起始符和终止符。

Code39 码编码格式说明：黑线代表 1，白线代表 0，具体如表 4-2-1 所示。

表 4-2-1　Code39 码的字符编码方式

类别	线条形态	逻辑形态
黑线	▮	1
白线	▯	0

Code39 码中字符对应的条码逻辑值如表 4-2-2 和表 4-2-3 所示。

表 4-2-2　Code39 码编码对应表（数字与特殊符号部分）

字符	逻辑形态	字符	逻辑形态
0	101001101101	6	101100110101
1	110100101011	7	101001011011
2	101100101011	8	110100101101
3	110110010101	9	101100101101
4	101001101011	*	100101101101
5	110100110101	—	

表 4-2-3　Code39 码编码对应表(英文字母部分)

字符	逻辑形态	字符	逻辑形态
A	110101001011	N	101011010011
B	101101001011	O	110101101001
C	110110100101	P	101101101001
D	101011001011	Q	101010110011
E	110101100101	R	110101011001
F	101101100101	S	101101011001
G	101010011011	T	101011011001
H	110101001101	U	110010101011
I	101011001101	V	100110101011
J	101011001101	W	110011010101
K	110101010011	X	100101101011
L	101101010011	Y	110010110101
M	110110101001	Z	100110110101

密度：条码的密度指单位长度的条码所表示的字符个数。对于一种码制而言，密度主要由模块的尺寸决定，模块尺寸越小，密度越大，所以密度值通常以模块尺寸的值来表示（如 5mil）。通常 7.5mil 以下的条码称为高密度条码，15mil 以上的条码称为低密度条码，条码密度越高，要求条码识读设备的性能（如分辨率）就越高。高密度的条码通常用于标识小物体，如精密电子元件；低密度条码一般应用于远距离阅读的场合，如仓库管理。

宽窄比：对于只有两种宽度单元的码制，宽单元与窄单元的比值称为宽窄比，一般为 2～3（常用的有 2∶1，3∶1）。当宽窄比较大时，条码识读设备更容易分辨宽单元和窄单元，因此比较容易识读。

对比度：条码符号的光学指标，PCS 值越大，条码的光学特性越好。

$$PCS=（RL-RD）/RL×100\%$$
（PCS 表示对比度；RL 表示条的反射率；RD 表示空的反射率）

3．一维码等级

一维码等级通常用美标检测法 A、B、C、D、F 五个质量等级表示，A 级为最好，D 级为最差，F 级为不合格。A 级条码能够被很好识读，适合只沿一条线扫描并且只扫描一次的场合。B 级条码在识读中的表现不如 A 级条码，适合只沿一条线扫描但允许重复扫描的场合。C 级条码可能需要更多次的重复扫描，通常要使用能重复扫描并有多条扫描线的设备才能获得比较好的识读效果。D 级条码可能无法被某些设备识读，要获得好的识读效果，就要使用能重复扫描并具有多条扫描线的设备。F 级条码是不合格品，不能使用。

4.2.2　二维码结构

二维码与一维码不同，二维码能够在两个维度同时表达信息，在编码容量方面有显著提高。二维码可以表示中文、英文、数字等文字、声音、图像信息。二维码还引入了纠错机制，具有恢复错误的能力，从而大大提高了可靠性。二维码降低了对于网络和数据库的依赖，凭借图案本身就可以起到存储数据信息的作用，如图 4-2-3 所示。

QR Code

PDF417

图 4-2-3　二维码样图

目前，在几十种二维码中，最常见的二维码是 QR Code。QR Code 简称 QR 码，是一个近几年移动设备上超流行的一种编码方式。

图 4-2-4 所示为 QR 码的基本结构。

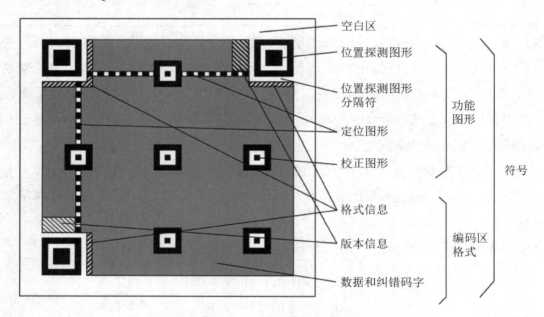

图 4-2-4　QR 码的基本结构

位置探测图形、位置探测图形分隔符、定位图形：用于对二维码的定位，对每个 QR 码来说，位置都是固定存在的，只是大小规格有所差异。

校正图形：只要规格确定，校正图形的数量和位置就确定了。

格式信息：二维码的纠错级别，分为 L、M、Q、H。

版本信息：二维码的规格，QR 码符号共有 40 种规格的矩阵（一般为黑白色），从 21×21（版本 1）到 177×177（版本 40），每一个版本符号比前一个版本符号每边增加 4 个模块。

数据和纠错码字：实际保存的二维码信息和纠错码字（用于修正二维码损坏带来的错误）。

4.2.3 条码扫描设备

1. 扫描枪设备工作原理

条码扫描器通常也被称为条码扫描枪/阅读器，是用于读取条码所包含信息的设备，可分为一维码扫描器和二维码扫描器。条码扫描器主要由发光源、凸透镜、光电转换模块、CPU、计算机接口等组成。图 4-2-5 所示为条码扫描器的工作原理。

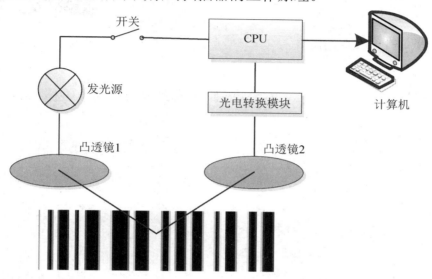

图 4-2-5　条码扫描器的工作原理

当开关控制条码扫描器发光源发出光时，光经光缆及凸透镜 1 后，照射到黑白相间的条形码上，反射光经凸透镜 2 聚焦后，照射到光电转换模块上。于是，光电转换模块接收到与白条和黑条相应的强弱不同的反射光信号，并将光信号转换成相应的电信号输出到 CPU 模块。根据码制所对应的编码规则，CPU 可将条码符号转换成相应的数字、字符信息，通过计算机接口传送给后端计算机系统进行数据处理与管理，至此便完成了条码识读的全过程。

2. 条码扫描器的分类

条码识读器由条码扫描和译码两部分组成。现在绝大部分条码识读器都将扫描器和译码器集成为一体。人们根据不同的用途和需要设计了各种类型的扫描器。条码扫描器可以按扫描方式、操作方式和扫描方向进行分类。

（1）按扫描方式分类。

条码扫描器从扫描方式上可分为接触式和非接触式两种条码扫描器。接触式条码扫描器包括笔与卡槽式条码扫描器，非接触式条码扫描器有 CCD 扫描器和激光扫描器。

CCD 扫描器的优点是操作方便，不直接接触条码也可辨读，性能较可靠，寿命较长，且价格较激光扫描器便宜，图 4-2-6 所示为某款 CCD 扫描器。

激光扫描器是各种扫描器中价格相对较高的，但它所能提供的各项功能指标最高，因此在各个行业中被广泛采用。激光扫描器是一种光学距离传感器，用于危险区域的灵活防护，通过出入控制实现访问保护等。图 4-2-7 所示为某款全角度激光扫描器。

图 4-2-6　某款 CCD 扫描器　　　　　　　图 4-2-7　某款全角度激光扫描器

（2）按操作方式分类。

条码扫描器从操作方式上可分为手持式条码扫描器和固定式条码扫描器。

（3）按扫描方向分类。

条码扫描器从扫描方向上可分为单向条码扫描器和全向条码扫描器。其中全向条码扫描器又分为平台式和悬挂式两种。

3．扫描器的接口类型

扫描器常用的接口类型有以下几种。

（1）USB 接口。

USB 接口的扫描器具有热插拔功能，可即插即用，此接口的条码扫描器使用率最高，接口外观如图 4-2-8（a）所示。

（2）PS2 接口。

与 USB 接口用法差不多，需要一个智能头转换一下，一般购买的扫描器中会随机附带。现在仍有很多公司使用 PS2 接口，接口外观如图 4-2-8（b）所示。

（3）DB9 接口。

DB9 接口两侧带有可加固螺丝，使用时不易松动，DB9 接口主要采用 RS232 通信协议，传输距离比 USB 接口远，可达 10m 以上，接口外观如图 4-2-8（c）所示。

（a）USB 接口　　　　　　　（b）PS2 接口　　　　　　　（c）DB9 接口

图 4-2-8　扫描器接口

（4）其他接口。

蓝牙或 WiFi 的条码扫描器的优势是不带连接线，便于移动操作。

任务实施

任务实施前必须先准备好以下设备和资源。

序号	设备/资源名称	数量	是否准备到位（√）
1	计算机	1 台	
2	扫描器	1 个	
3	相关配置软件	1 批	
4	手机	1 部	
5	电源适配器	1 个	
6	路由器	1 个	

1. 制作商品一维码标签

超市商品通常都贴有一维码，用于商品的流通和出入库。下面举例使用一维码生成软件，制作一个简易的 Code39 码，过程如下。

Code39 码部分编码对应表如表 4-2-4 所示。

表 4-2-4　Code39 码部分编码对应表

字符	逻辑形态	字符	逻辑形态
0	101001101101	1	110100101011
L	101101010011	S	101101011001
*	100101101101	—	—

利用软件绘制 LS001 一维码标签，先将条码编辑为*LS001*，参照表格对应的条码数字绘制完成后生成一维码并保存，如图 4-2-9 和图 4-2-10 所示。

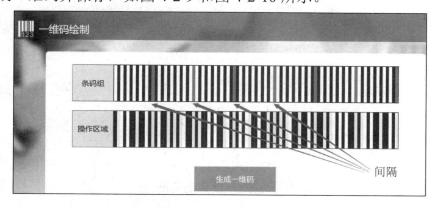

图 4-2-9　绘制 Code39 码

图 4-2-10　生成的 LS001 一维码

2. 配置 WiFi 环境

按图 4-2-11 所示完成设备安装和接线，要求设备安装整齐美观，接线遵循横平竖直和就近原则。

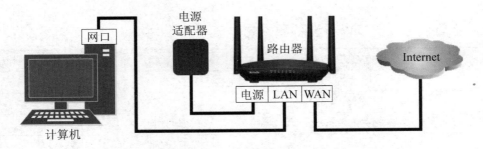

图 4-2-11　系统拓扑图

单击"无线设置"按钮，按图 4-2-12 和图 4-2-13 所示完成配置，配置完成后需要单击"确定"按钮。

图 4-2-12　设置 2.4G 网络

图 4-2-13　设置访客网络

① 2.4G 网络：设置为开启，开启后路由器才会运行该 2.4G 网络。

② 无线名称：可自定义。

③ 加密方式：选择"WPA/WPA2-PSK 混合"选项。

④ 无线密码：可自定义。

⑤ 访客网络：设置为开启，开启后才能用手机扫描二维码进行联网。

> **温馨提示**
>
> 有些厂商的路由器没有访客网络功能，只要配置好 WiFi 即可。

⑥ 2.4G 网络名称：可自定义，这里设置为 IoTSystem_Guset。

⑦ 访客网络密码：可自定义。

3．制作 WiFi 连接二维码

运行二维码制作软件，如图 4-2-14 所示，在 WiFi 信息项中输入无线账号、无线密码、加密类型，这些必须与路由器的 WiFi 配置一样。将"纠错等级"设置为"中等–25%"即可。完成后，将二维码标签保存。

图 4-2-14　二维码制作界面

4．测试功能

先打开一维码，再运行记事本，并选中记事本，使用扫描器对生成的一维码进行扫描，记事本会显示扫描的结果，如图 4-2-15 所示。

图 4-2-15　一维码扫描结果

使用手机 WiFi 设置界面中的扫一扫功能，对着生成的 WiFi 二维码进行扫描，将自动连接名为 IoTSystem_Guest 的网络，如图 4-2-16 所示。

图 4-2-16　WiFi 二维码扫描结果

任务小结

本任务相关知识的思维导图如图 4-2-17 所示。

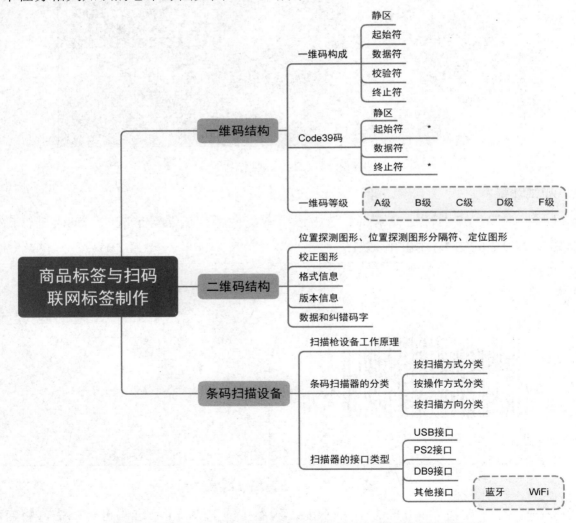

图 4-2-17　任务 2　商品标签与扫码联网标签制作思维导图

任务工单

项目4 智能零售——商超管理系统安装与调试	任务2 商品标签与扫码联网标签制作

一、本次任务关键知识引导

1. 一维码由静区、(　　　　)、(　　　　)、中间分隔符、(　　　　)、终止符组成。

2. Code39 码由 (　　　)、(　　　　)、(　　　　)、(　　　　) 四部分组成。

3. 一维码用美标检测法分五个质量等级,(　　　) 级为最好,(　　　) 级为最差,(　　　) 级为不合格。

4. 平时生活中最常见的二维码是 (　　　) 码,其由 (　　　) 个位置探测图形组成。

5. 条码扫描器主要由 (　　　)、(　　　)、(　　　)、(　　　)、(　　　) 等组成。

6. 非接触式条码扫描器有 (　　　　) 和 (　　　　)。

7. 条码扫描器按 (　　　　) 可分为手持式和固定式两种条码扫描器。

二、任务检查与评价

评价方式	可采用自评、互评、教师评价等方式			
说　明	主要评价学生在项目学习过程中的操作技能、理论知识、学习态度、课堂表现、学习能力等			
序号	评价内容	评价标准	分值	得分
1	知识运用（20%）	掌握相关理论知识,完成本次任务关键知识引导的作答准确率（20分）	20分	
2	专业技能（40%）	全部正确完成"准备设备和资源"操作（+5分）	40分	
		全部正确完成"制作商品一维码标签"操作（+5分）		
		全部正确完成"配置 WiFi 环境"操作（+5分）		
		成功完成"制作 WiFi 连接二维码"操作（+5分）		
		成功完成"一维码测试"操作（+10分）		
		成功完成"二维码测试"操作（+10分）		
3	核心素养（20%）	具有良好的自主学习、分析解决问题、帮助他人的能力,整个任务过程中指导过他人并解决过他人问题（20分）	20分	
		具有较好的学习能力和分析解决问题的能力,任务过程中未指导过他人（15分）		
		具有主动学习并收集信息的能力,遇到问题请教过他人并得以解决（10分）		
		不主动学习（0分）		
4	职业素养（20%）	实验完成后,设备无损坏、设备摆放整齐、工位区域内保持整洁、未干扰课堂秩序（20分）	20分	
		实验完成后,设备无损坏、未干扰课堂秩序（15分）		
		未干扰课堂秩序（10分）		
		干扰课堂秩序（0分）		
总得分				

资产管理电子标签制作

🔭 职业能力目标

- 能正确安装调试 RFID 阅读器设备。
- 能够按需求对高频 RFID 标签和超高频 RFID 标签进行数据读写操作。

⏲ 任务描述与要求

> **任务描述**：超市管理系统需要使用电子标签对商品进行管理，同时为了便于店长对商品的管理，需要为店长专门开设一张会员卡。
>
> 任务要求：
>
> - 使用超高频电子标签对商品进行管理，将标签的 EPC 号的长度设置为 4 个字。
> - 使用高频 RFID 阅读器发布一张会员卡，并预充值 10000 元。

🖥 知识储备

4.3.1 RFID 系统组成

一般 RFID 系统由阅读器、天线和电子标签三部分组成，如图 4-3-1 所示。

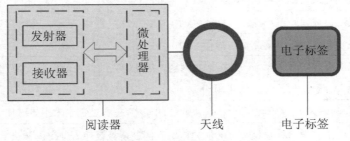

图 4-3-1　RFID 系统组成

1. 阅读器

阅读器又称为读写器，是读取和写入电子标签内存信息的设备。图 4-3-2 所示为两款 RFID 阅读器。

RFID 阅读器通过天线与电子标签进行无线通信，阅读器还可以和计算机网络进行连接，完成数据的存储和管理。阅读器的基本构成通常包括收发天线、射频模块、控制处理模块。

RFID 系统在工作时，RFID 阅读器在一个区域内发送射频能量形成电磁场，区域的大小取决于发射功率。阅读器覆盖区域内的标签被触发，发送存储在其中的数据，或者根据 RFID 阅读器的指令修改存储在其中的数据，并通过接口与计算机网络进行通信，如图 4-3-3 所示。

图 4-3-2　两款 RFID 阅读器

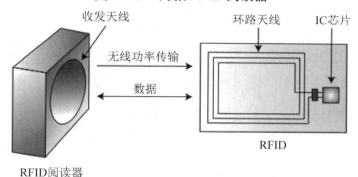

图 4-3-3　RFID 系统工作情形

2．RFID 电子标签

RFID 电子标签：由耦合组件及芯片构成，每个 RFID 电子标签都有独特的电子编码，放在被测目标上以达到标记目标物体的目的。图 4-3-4 所示为三款 RFID 电子标签的组成结构图。

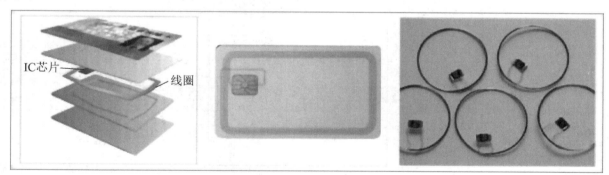

图 4-3-4　三款 RFID 电子标签的组成结构图

RFID 电子标签由以下部分组成。

- IC 芯片：包含逻辑控制单元、记忆体和收发器，具有解码、解密和错误检查等运算功能。
- 收发天线：用于接收 RFID 阅读器发送的射频资料或传送本身的识别资料。
- 电力来源：主动式标签由标签内部所附的电源提供；被动式标签由 RFID 阅读器送出的无线电波提供。

3．天线

天线是电子标签与阅读器之间数据的发射、接收装置。在实际应用中，除了系统功率，天线的形状和相对位置也会影响数据的发射和接收，因此需要专业人员对系统的天线进行设计、安装。

4.3.2 标签的存储结构

电子标签按工作频率可以分为低频 RFID 标签、高频 RFID 标签和超高频 RFID 标签。

在超市管理系统中，通常使用磁条卡或 M1 卡作为会员卡，M1 卡是属于高频 RFID 卡中最常用的一种，这里以 M1 卡作为会员卡。由于超高频 RFID 标签具有感应距离远和多标签感应的特点，所以在超市的商品管理上，通常采用超高频 RFID 标签，此处超市管理系统中商品的管理也是采用超高频 RFID 标签进行的。

1．M1 卡标签存储结构

M1 卡的整个存储结构划分为 16 个扇区，编号为 0～15。每个扇区有 4 个块，分别为块 0、块 1、块 2 和块 3，每个块有 16 个字节，如图 4-3-5 所示。

块位置		内存字节序号																说明
扇区	块	0	1	2	3	4	5	6	7	8	9	A	B	C	D	E	F	
0	0	卡号																卡号
	1																	数据
	2																	数据
	3	密码A						控制位				密码B						控制块
1	0																	卡号
	1																	数据
	2																	数据
	3	密码A						控制位				密码B						控制块
⋮	⋮	⋮	⋮	⋮	⋮	⋮	⋮	⋮	⋮	⋮	⋮	⋮	⋮	⋮	⋮	⋮	⋮	⋮
15	0																	卡号
	1																	数据
	2																	数据
	3	密码A						控制位				密码B						控制块

图 4-3-5　M1 卡存储结构

卡号：扇区 0 的块 0（绝对地址 0 块）为厂商块，也就是卡号所在位置。厂商块是存储器第 1 个扇区（扇区 0）的第 1 个数据块（块 0），它包含了厂商的数据。基于保密性和系统的安全性，这一块在 IC 卡厂商编程之后被置为写保护，不能再复用为应用数据块。

密码：每个扇区的块 3 为控制块，包括密码 A、控制位、密码 B。非专业人士禁止操作该块，操作失误会造成该扇区永久性锁死。

用户区：除了存储卡号和密码的块，其他区域都是用户区，用户可对这些区域进行读写操作。

2. 超高频 RFID 标签存储结构

超高频 RFID 标签由 4 个区域组成，分别为 Reserved（保留区）、EPC（电子产品代码区）、TID（标签识别号区）和 USER（用户区），如图 4-3-6 所示。

图 4-3-6　RFID 标签分区

（1）Reserved。

Reserved 存储 Kill Password（灭活口令）和 Access Password（访问口令）一共 8 字节，灭活口令可用于摧毁标签，标签一旦被摧毁，就不能再使用。访问口令为标签读写所需的密码。

（2）EPC。

EPC 为 RFID 标签物品编码区，由 CRC-16、PC、EPC 三部分组成，如图 4-3-7 所示。

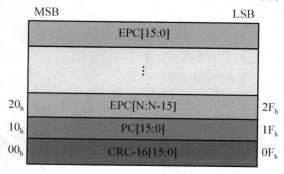

4-3-7　EPC 内部存储结构

CRC-16：校验码，长度共 16 位，内容不可改变。该内容会根据 EPC 数据的改变而发生变化。

PC：协议控制字，长度共 16 位，是设置标签的物理层信息。其主要用于设置该区的可用长度。PC 协议控制的每一位的含义定义如下。

- 10h~14h 位是设置 EPC 的长度（00001 为 1 个字长度，11111 为 31 个字长度）。
- 15h~17h 位是设置 RFU，中文意思是射频收发单元，通常设置为 000。
- 18h~1Fh 位默认值为 0000 0000。

常见的 RFID 标签 PC 协议控制字被设置为 3000h 或 4000h。

- PC 协议控制字设置为 3000h 指示 EPC 长度为 6 个字，12 字节。
- PC 协议控制字设置为 4000h 指示 EPC 长度为 8 个字，16 字节。

本次任务中要求将 EPC 号的长度设置为 4 个字，因此 PC 码需要设置为 0010 0000 0000 0000（也就是 2000h）。

EPC：RFID 标签的物品编码。

（3）TID。

TID 存储标签识别号码，每个 TID 号码应该是唯一的（唯一标示码，即不可改变）。长度不同，需要自行输入长度（一般为 8 字节，64bit/s）。

（4）USER。

USER 存储用户定义的数据。存储长度为 4 个区域中最大的，存储长度由材料决定，有些无 USER。

4.3.3 RFID 电子标签种类

RFID 电子标签的种类很多，如何挑选适合的 RFID 电子标签显得尤为重要。不同的材质、不同的尺寸、不同的性能都会对实际的运用产生很大影响。表 4-3-1 所示为 RFID 电子标签类型。

表 4-3-1　RFID 电子标签类型

序号	类型	说明	样图
1	不干胶类型	直接将芯片与天线绑定在一起，成本低，材质薄，其中的不干胶是在镶嵌片表面封装一层纸	
2	卡片类型	将镶嵌片封装到不同尺寸的 PVC 材质里，形成一种便于携带的卡片。日常见到的公交卡和学生卡就是这种类型	

续表

序号	类型	说明	样图
3	轮胎电子标签类型	专用于轮胎管理的标签,封装形式类似一张补轮胎贴	
4	抗金属电子标签类型	能够贴到金属或带有液体的瓶子上,保证不影响读取效果	
5	动物电子标签类型	专门用于对动物管理的电子标签,材质一般为 PET 或 PVC	
6	挂牌电子标签类型	适用于服装行业的标签,封装材质可为厚纸或 PVC	
7	异形电子标签类型	在尺寸、封装材质上略有不同,适用于一些特殊应用场景	

超市中的 RFID 标签必须满足以下几个特点:

- 信号感应效果好,即天线要长。
- RFID 标签的柔韧性好,可弯曲。
- 价格便宜。

综上分析只有不干胶类型的标签比较符合超市的要求。

4.3.4 RFID 阅读器设备

1. RFID 阅读器的结构

RFID 阅读器由控制器和天线两部分组成,天线负责发送和接收电磁波,控制器负责控制信号的发送和接收,并保持对计算机进行通信。

RFID 阅读器根据使用方式可分为桌面式、手持式和固定式,如表 4-3-2 所示。

表 4-3-2　RFID 阅读器

序号	类型	说明	样图
1	桌面式	体积较小，移动性好，可直接放置在桌面上，一般支持 USB 接口或串口连接，主要应用在学生卡开户或卡片充值上	
2	手持式	该设备一般称为 PDA 设备，PDA 设备主要集成了 RFID 阅读器和条码识别器，根据应用场合不同，集成的功能有所不同，PDA 设备采用电池功能，主要应用在超市或物流对产品的管理上	
3	固定式	设备通常固定在墙壁上，配合其他设备一起工作，主要应用在安防门禁管理中	

　　RFID 阅读器根据控制器和天线的组合方式又可分为一体式和分离式两种，如表 4-3-3 所示。

表 4-3-3　RFID 阅读器中控制器和天线的组合方式

序号	类型	说明	样图
1	一体式	一体式是指控制器和天线两部分在一个整体中，这种设备一般都是一个控制器对应一个天线，主要应用在桌面 RFID 阅读器、门禁读卡器、PDA 等设备上	
2	分离式	分离式是指控制器和天线两部分是分开的，这种设备一般都是一个控制器对应多个天线，主要应用在物流或超市中物品的出入库检测上	

　　超市中对在售商品的管理一般采用分离式 RFID 阅读器，对商品的入库管理采用的是一体式 RFID 阅读器。

　　RFID 阅读器的功率和天线的大小、形状等，影响着其作用范围。RFID 阅读器的功率一般是可调的。天线一体式 RFID 阅读器组件少、成本低、安装简单，但由于不能追加天线，系统的扩容性要劣于天线分离式 RFID 阅读器。天线分离式 RFID 阅读器用同轴电缆连接控制器和天线，一台控制器可以连接多个天线并同时进行控制，大大提高了 RFID 电子标签的识读范围和安装自由度。

2. RFID 阅读器内部结构

RFID 阅读器系统构成如图 4-3-8 所示。

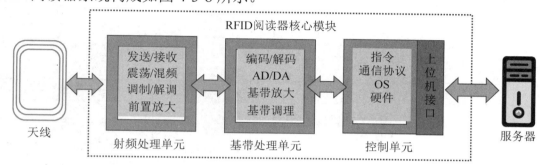

图 4-3-8 RFID 阅读器系统构成

（1）射频处理单元。

射频处理单元将 RFID 阅读器发往电子标签的命令调制到射频信号上，经发射天线发送出去，另外对天线接收到的 RFID 电子标签的回波信号进行必要的解调处理，并提取 RFID 电子标签返回的数据。

（2）基带处理单元。

基带处理单元将控制单元发出的命令加工为编码调制信息，另外对射频处理单元处理的 RFID 电子标签返回数据进行进一步的解码处理，并送入控制单元。

（3）控制单元。

控制单元是 RFID 阅读器的控制核心，对 RFID 阅读器的各个硬件进行控制，通常采用嵌入式微处理器，通过内部程序进行与 RFID 电子标签之间的信息收发及智能处理，并负责与后台服务器接口的通信。

3. RFID 阅读器的功能

RFID 阅读器一般配有 USB 接口、网口、串口等通信接口，用户根据需要选择 RFID 阅读器的某个通信接口连接到计算机，在计算机上运行通信软件或厂家提供的应用软件来控制 RFID 阅读器，并获取信息，如图 4-3-9 所示。

图 4-3-9 RFID 阅读器的连接

RFID 阅读器的读写模式通常有两种。

① 由用户发送命令来执行对 RFID 电子标签的读写。

② 只要 RFID 电子标签进入 RFID 阅读器的通信范围就自动进行读写。

大部分 RFID 阅读器还可以指定对 RFID 电子标签的读写方式。

① 对单个 RFID 电子标签的读写。

② 对多个 RFID 电子标签的读写。

📖 任务实施

任务实施前必须先准备好以下设备和资源。

序号	设备/资源名称	数量	是否准备到位（√）
1	超高频 RFID 阅读器	1 个	
2	高频 RFID 阅读器	1 个	
3	超高频 RFID 标签	1 个	
4	高频 RFID 标签	1 个	
5	计算机	1 台	

1．搭建硬件环境

将超高频 RFID 阅读器和高频 RFID 阅读器连接至计算机，如图 4-3-10 所示。

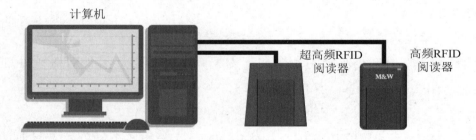

图 4-3-10　资产管理电子标签制作的硬件连接图

计算机在首次连接超高频 RFID 阅读器时，需要安装设备的 USB 驱动程序。按照 USB 驱动程序系统提示完成安装即可。USB 驱动程序安装成功后，将在系统硬件资源中虚拟出一个 COM 端口，该端口号为计算机与超高频 RFID 阅读器的通信端口。高频 RFID 阅读器是免驱设备，不需要安装驱动程序。

取一张超高频 RFID 标签放置在超高频 RFID 阅读器上。

取一张高频 RFID 标签放置在高频 RFID 阅读器上。

2．修改商品标签卡号

（1）运行超高频 RFID 软件。

打开 SSUDemo 软件，将连接方式设置为 RS232，正确选择 COM 口，单击"Connect"按钮连接设备，如图 4-3-11 所示。

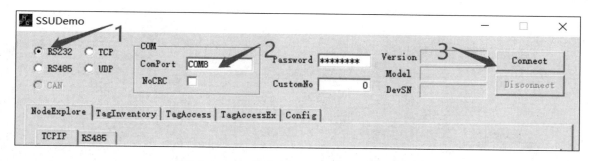

图 4-3-11　超高频 RFID 软件使用界面

（2）读取超高频 RFID 标签卡号。

放置一张超高频 RFID 标签到 RFID 阅读器上，如图 4-3-12 所示。选择"TagAccess"选项卡，进入标签访问界面，单击"TagQuery"按钮查询标签，将查询到标签的 PC+EPC 号，如图 4-3-13 所示。

图 4-3-12　放置标签

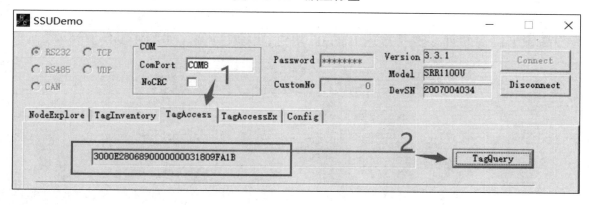

图 4-3-13　查询标签

PC 号存放在 EPC 区中的第 2 个字位置（从 0 开始数，第 1 个字就是 1 的位置），如图 4-3-14 所示，设置 Offset（起始位置）为 1，Words（字长度）为 1，Pwd（访问密码）为 00000000，Data（写入数据）为 2000，单击"TagWrite"（写入）按钮，底部提示写入成功（Success）。

>))) 温馨提示
>
> 注意：严禁写入 0000～07FF 的数，否则卡片报废。

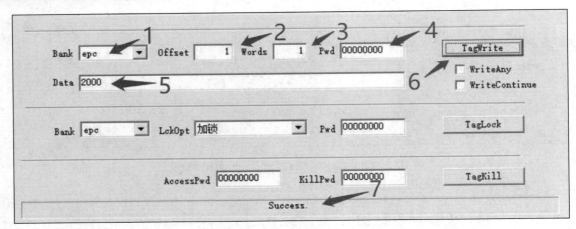

图 4-3-14　修改 EPC 号显示长度

单击 "TagQuery" 按钮，重新读取 PC+EPC 号，如图 4-3-15 所示，可以发现获取的数据为 20001111222233334444，该数据为十六进制显示方式，其中 2000 是 PC 号；1111222233334444 是 EPC 号，刚好是 8 个字节，也就是 4 个字。

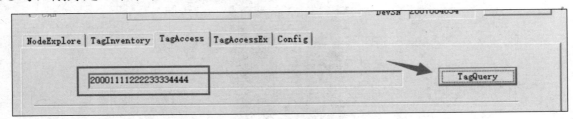

图 4-3-15　查看修改后效果

3. 配置会员卡

（1）记录卡号。

运行高频卡读写软件，选择扇区 0 的 00 块进行读取操作，如图 4-3-16 所示。

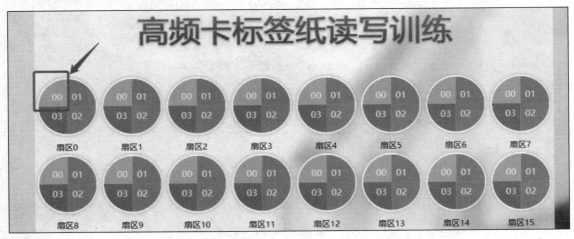

图 4-3-16　高频卡标签纸读写训练界面

选择读取操作，所有扇区的密码全部默认为 12 个 F（FFFFFFFFFFFF）。输入密码，选择 "Hex" 单选按钮，单击 "读取" 按钮，如图 4-3-17 所示。

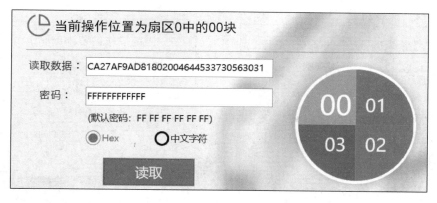

图 4-3-17　读写高频卡卡号

（2）写入会员卡信息。

选择扇区 6 中的 00 块，选择写入操作，写入数据为会员名字"张三"，密码为 12 个 F，选择"中文字符"单选按钮，单击"写入"按钮，如图 4-3-18 所示。

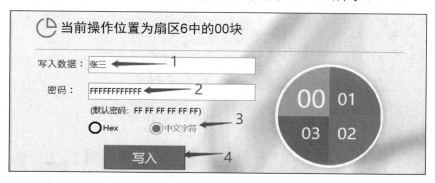

图 4-3-18　高频卡写入会员名字

注意：每个扇区的 03 块为密码模块，禁止写入数据，否则该扇区将作废！

写入充值金额：选择扇区 6 中的 01 块，选择写入操作，写入数据为充值金额 1000，密码为 12 个 F，选择"中文字符"单选按钮，单击"写入"按钮，如图 4-3-19 所示。

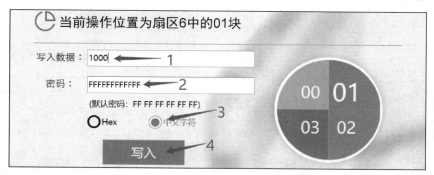

图 4-3-19　高频卡写入充值金额

（3）检查写入信息情况。

分别对扇区 6 中的 00 块和 01 块进行读取操作，密码为 12 个 F，检查结果如图 4-3-20 和图 4-3-21 所示。

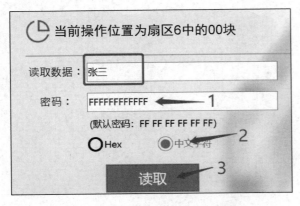

图 4-3-20　会员名字检查结果

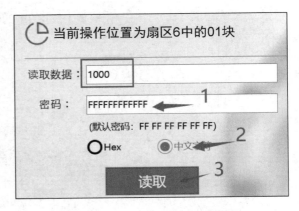

图 4-3-21　充值金额检查结果

任务小结

本任务相关知识的思维导图如图 4-3-22 所示。

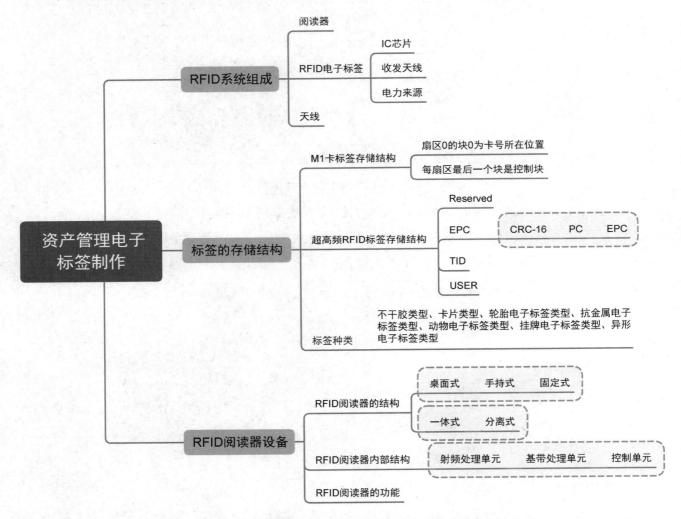

图 4-3-22　任务 3　资产管理电子标签制作思维导图

任务工单

项目 4 智能零售——商超管理系统安装与调试		任务 3 资产管理电子标签制作

一、本次任务关键知识引导

1. 一般 RFID 系统由（　　　　　）、（　　　　　）和（　　　　　）三部分组成。

2. 用于读取和写入电子标签内存信息的设备是（　　　　　）。

3. 阅读器的基本构成通常包括（　　　　）、（　　　　）、（　　　　）。

4. RFID 电子标签由（　　　　）及（　　　　）构成。

5. 负责电子标签与阅读器之间数据的发射、接收的装置是（　　　　）。

6. 电子标签按工作频率分类，可以分为（　　　　）、（　　　　）和（　　　　）。

7. M1 卡的每个扇区有（　　）个块，卡号存储在扇区 0 的（　　　）位置。控制块在每个扇区的（　　　）位置。

8. 超高频 RFID 标签由 4 个区域组成，分别是保留区、电子产品代码区、（　　　　）和（　　　　）。

9. RFID 阅读器的（　　　　）和（　　　　）等会影响阅读器的作用范围。

二、任务检查与评价

评价方式		可采用自评、互评、教师评价等方式		
说　　明		主要评价学生在项目学习过程中的操作技能、理论知识、学习态度、课堂表现、学习能力等		
序号	评价内容	评价标准	分值	得分
1	知识运用（20%）	掌握相关理论知识，完成本次任务关键知识引导的作答准确率（20 分）	20 分	
2	专业技能（40%）	全部正确完成"准备设备和资源"操作（+5 分）	40 分	
		全部正确完成"搭建硬件环境"操作（+5 分）		
		全部正确完成"修改商品标签卡号"操作（+20 分）		
		成功完成"配置会员卡"操作（+10 分）		
3	核心素养（20%）	具有良好的自主学习、分析解决问题、帮助他人的能力，整个任务过程中指导过他人并解决过他人问题（20 分）	20 分	
		具有较好的学习能力和分析解决问题的能力，任务过程中未指导过他人（15 分）		
		具有主动学习并收集信息的能力，遇到问题请教过他人并得以解决（10 分）		
		不主动学习（0 分）		
4	职业素养（20%）	实验完成后，设备无损坏、设备摆放整齐、工位区域内保持整洁、未干扰课堂秩序（20 分）	20 分	
		实验完成后，设备无损坏、未干扰课堂秩序（15 分）		
		未干扰课堂秩序（10 分）		
		干扰课堂秩序（0 分）		
总得分				

项目 5

智慧园区——园区数字化监控系统安装与调试

引导案例

数字经济是继农业经济、工业经济之后的主要经济形态，是以数据资源为关键要素，以现代信息网络为主要载体，以信息通信技术融合应用、全要素数字化转型为重要推动力，促进公平与效率更加统一的新经济形态。数字经济发展速度之快、辐射范围之广、影响程度之深前所未有，正推动生产方式、生活方式和治理方式深刻变革，成为重组全球要素资源、重塑全球经济结构、改变全球竞争格局的关键力量。为应对新形势新挑战，把握数字化发展新机遇，拓展经济发展新空间，推动我国数字经济健康发展，依据《中华人民共和国国民经济和社会发展第十四个五年规划和2035年远景目标纲要》，制定了《"十四五"数字经济发展规划》。

《"十四五"数字经济发展规划》中要求推动产业园区和产业集群数字化转型。引导产业园区加快数字基础设施建设，利用数字技术提升园区管理和服务能力。

园区作为产业经济的重要载体，与传统产业相比，数字化产业更注重信息的自动化、实效性、低功耗、快响应。园区数字化监控系统正是应用当下最主流的物联网技术，如NB-IoT、LoRa、ZigBee等无线通信技术，结合智能传感技术，打造数字化园区的。在园区消控室，各种数据跃然屏上，工作人员足不出户，便可洞察园区一切动态，大大提升便捷性，实现园区全方位无死角的监测，如图5-0-1所示。这就是物联网技术带来的巨大改变和进步。

现有一个园区，要求进行数字化升级改造，由于园区建造时间较早，内部线路复杂，投入资金较为紧张，因此项目考虑主要采用无线通信方式，以下罗列了几处项目中的要求。

项目要求：

- 地下停车场改造要求是提高停车场的舒适度，实时采集停车场中的环境温湿度情况。

- 门禁系统改造要求是重要路口处的门禁系统能够实现平台统一控制开启。
- 园区的路灯改造要求是能实现平台统一远程控制管理。

图 5-0-1　数字化园区效果图

任务 1 地下停车场环境监测系统搭建

🛰 职业能力目标

- 能够安装和连接 NB-IoT 通信设备。
- 能够下载和配置 NB-IoT 设备，完成与云平台的连接。

⏰ 任务描述与要求

任务描述：园区的地下停车场较为封闭，造成通风效果较差，为了提高园区的舒适度，在园区关键位置安装温湿度变送器，考虑到地下停车场的无线信号较差，经研究选用 NB-IoT 无线通信技术，不仅满足通信要求，而且投入成本低。

任务要求：

- 正确配置温湿度变送器地址和波特率。
- 完成对 NB-IoT 通信终端设备的固件下载和配置。
- 完成云平台的配置，实现云平台实时获取温湿度变送器数据。

🖥 知识储备

5.1.1　NB-IoT 无线通信技术简介

LPWAN 是低功耗广域网（Low Power Wide Area Network）的缩写。无线通信技术从传输距离上区分，可以分为两类：一类是短距离无线通信技术，代表技术有 ZigBee、WiFi、Bluetooth（蓝牙）等，目前非常成熟并有各自应用的领域；另一类是长距离无线通信技术，代表技术有电信 CDMA、移动、联通的 3G/4G 无线蜂窝通信和低功耗广域网（LPWAN）。

目前，主流的 LPWAN 技术分为两类：一类是工作在非授权频段的技术，如 LoRa、Sigfox 等；另一类是工作在授权频段的技术，如 NB-IoT、eMTC 等。按照传输距离和传输速率划分的各种无线通信技术的特征，如图 5-1-1 所示。

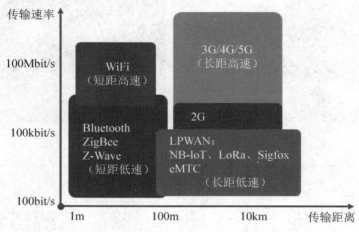

图 5-1-1　各种无线通信技术的特征

1．NB-IoT 简介

NB-IoT 是窄带物联网（Narrow Band Internet of Things）的简称，正逐渐成为万物互联网络的一个重要分支。NB-IoT 构建于蜂窝网络，只消耗大约 180kHz 的带宽，可直接部署 GSM 网络、UMTS 网络或 LTE 网络，即利用运营商现有的基站网络进行传输，以降低部署成本、实现平滑升级。

2．NB-IoT 中的关键词

UE：User Equipment，中文意思是用户终端。

eNodeB：无线通信基站。

CN：Core Network，中文意思是核心网。

空中接口：又称为 Uu 接口，是终端 UE 与 eNodeB 之间的接口，可支持 1.4～20MHz 的可变带宽。

接入层的流程：指 eNodeB 需要参与处理的流程。

非接入层的流程：指只有 UE 和 CN 需要参与处理的信令流程，而 eNodeB 不需要参与处理的信令流程。例如，接入层的信令是为非接入层的信令交互铺路搭桥的。通过接入层的信令交互在 UE 和 CN 之间建立起了信令通路，从而便能进行非接入层信令流程了。

CoAP：一种应用于终端 UE 和物联网平台之间的专用的协议，其主要原因是考虑 UE 的硬件配置一般很低，不适合使用 HTTP/HTTPS 等应用层协议，而 IoT 云平台和应用服务器之间，由于两者的性能都很强大，要考虑代管、安全等因素，因此一般会使用 HTTP/HTTPS 等应用层协议。

3．NB-IoT 网络架构

NB-IoT 网络架构包括终端 UE、NB-IoT 基站、分组核心网 EPC、IoT 平台、应用服务器，如图 5-1-2 所示。

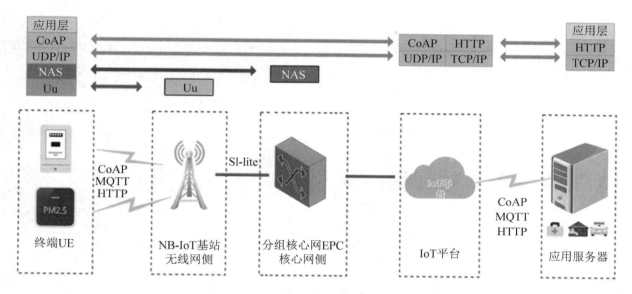

图 5-1-2　NB-IoT 网络架构

（1）**终端 UE**：如智能水表、智能气表等，通过空口连接到基站（eNodeB）。

（2）**NB-IoT 基站**：功能和外形与手机用的 4G、5G 基站一样，都是无线基站，负责与空中接口相关的所有功能。主要承担空口接入处理、小区管理等相关功能，并通过 S1-lite 接口与分组核心网 EPC 进行连接，将非接入层数据转发给高层网元处理。它是构成移动通信蜂窝小区的基本单元，主要完成移动通信网络与终端 UE 之间的通信和管理功能。换句话说，通过运营商网络连接的 NB-IoT 用户终端设备必须在基站信号的覆盖范围内才能通信。基站方面可以有两种方式，一种是利用传统的基站增加新单元使其能够应用于 NB-IoT 技术，另一种是新建 NB-IoT 基站。第一种方式能够降低站点成本。基站通常由机房、信号处理设备、室外射频模块、接收和发送信号的天线、GPS 和各种传输电缆组成。

（3）**分组核心网 EPC**：承担与终端 UE 非接入层交互的功能，将与 IoT 业务相关数据转发到 IoT 平台进行处理，主要技术包括移动性/安全/连接管理、无 SIM 卡终端安全接入、终端节能特征、时延不敏感终端适配、拥塞控制、流量调度和计费使用。

（4）**IoT 平台**：IoT 平台汇聚从各种接入网得到的 IoT 数据，根据不同类型转发给相应的应用服务器进行处理。从分组核心网 EPC 出来会连接到 IoT 平台上，主要包括应用层协议栈适配、终端 SIM OTA、终端设备和事件订阅管理、API 能力开放（行业，开发者）、OSS/BSS（自助开户，计费）、大数据分析等。IoT 平台收集所有数据，将其转发给相应的应用服务器，根据类型进行处理。

（5）**应用服务器**：IoT 数据的最终汇聚点，根据客户的需求进行数据处理等操作。应用服务器通过 HTTP/HTTPS 和 IoT 平台通信，通过调用 IoT 平台的开放 API 来控制设备，IoT 平台把设备上报的数据推送给应用服务器。

5.1.2 NB-IoT 的网络部署

1. 通信频率规划

全球大多数运营商使用 900MHz 频段来部署 NB-IoT，有些运营商部署在 800MHz 频段。国内明确 NB-IoT 网络可运行于 GSM 系统的 800MHz 频段和 900MHz 频段、FDD-LTE 系统的 1800MHz 频段和 2100MHz 频段，如中国联通的 band 3 和 band 8、中国移动的 band 8、中国电信的 band 5 部署频率。表 5-1-1 所示为 NB-IoT 频段表。

表 5-1-1　NB-IoT 频段表

频率范围	上行链路（UL）/MHz	下行链路（DL）/MHz
band 1	1920～1980	2110～2170
band 2	1850～1910	1930～1990
band 3	1710～1785	1805～1880
band 5	824～849	869～894
band 8	880～915	925～960
band 12	699～716	729～746
band 13	777～787	746～756
band 17	704～716	734～746
band 18	815～830	875～890
band 19	830～845	875～890
band 20	832～862	791～821
band 26	814～849	859～894
band 28	703～748	758～803
band 66	1710～1780	2110～2200

2. 网络部署方式

为了便于运营商根据自由网络的条件灵活运用，NB-IoT 可以在不同的无线频带上进行部署，分为三种情况：独立部署、保护带部署、带内部署，如图 5-1-3 所示。

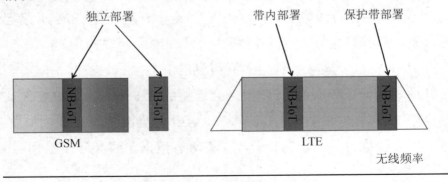

图 5-1-3　NB-IoT 的部署方式

独立部署：利用独立的新频带或空闲频段进行部署，重新利用原有 GSM 频段进行"重耕"的模式。GSM 的信道带宽为 200kHz，刚好为 NB-IoT 的 180kHz 带宽开辟出空间，且两边还有 10kHz 的保护间隔。

保护带部署：利用 LTE 系统中的边缘保护频段中未使用的 180kHz 带宽的资源块进行部署，采用该模式需要满足一些额外的技术要求（如原 LTE 频段带宽要大于 5Mbit/s），以避免 LTE 和 NB-IoT 之间的信号干扰。

带内部署：利用 LTE 载波中间的某一频段进行部署。为了避免干扰，3GPP 要求在该模式下的信号功率谱密度与 LTE 信号的功率谱密度不得超过 6dB。

综上所述，除了独立部署模式，另外两种部署模式都需要考虑与原 LTE 系统的兼容性，部署的技术难度相对较高，网络容量相对较低。

5.1.3 NB-IoT 的特性

1. 低功耗原理

NB-IoT 通信模组耗电极低，这得益于其惰性通信机制，在大部分时间下，设备处于休眠状态（99%的时间），主要在于其采用了 PSM 和 eDRX（拓展非连续接收）技术。物联网终端一般采用电池供电，设备需要长时间地工作，因此需要功耗非常低，普通 NB-IoT 的终端的使用年限能够达到 10 年左右。

NB-IoT 在默认状态下，存在下面三种工作状态，三种工作状态会根据不同的配置参数进行转换，如图 5-1-4 所示。

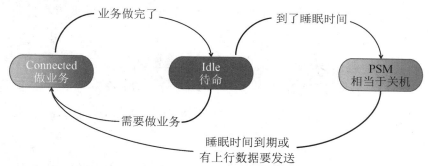

图 5-1-4 NB-IoT 三种工作状态转换

（1）Connected（连接态）。

模块注册入网后处于 Connected 状态，可以发送和接收数据，无数据交互超过一段时间后会进入 Idle 状态，时间可配置。

（2）Idle（空闲态）。

Idle 状态可收发数据，并且在接收下行数据时，Idle 状态会进入 Connected 状态，无数据交付超过一段等待时间后，Idle 状态会进入 PSM 状态，这里的等待时间是可配置的。

（3）PSM（节能模式）。

PSM 状态下终端关闭收发信号机，不监听无线侧的寻呼，因此虽然依旧注册在网络，但信令不可达，无法收到下行数据，功率很小。

NB-IoT 三种工作状态在一般情况下的转换过程可以总结如下。

① 终端发送数据完毕处于 Connected 状态，启动"不活动计时器"，默认 20s，可配置范围为 1～3600s。

②"不活动计时器"超时，终端进入 Idle 状态，启动定时器 [AcTIve-TImer（T3324）]，超时时间配置范围为 2s～186min。

③ AcTIve-TImer 超时，终端进入 PSM 状态，TAU 周期结束时进入 Connected 状态，TAU 周期（T3412）配置范围为 54min～310h。

2. 覆盖增强

由于 NB-IoT 的应用场景一般是像井盖这种存在深度覆盖的地方，信号的衰减非常严重，一般的信号不能满足这种地方的要求，因此需要增强 20dB 的功率，相当于提升了 100 倍覆盖区域能力。不仅可以满足农村这样的广覆盖需求，而且对于厂区、地下车库、井盖这类对深度覆盖有要求的地方同样适用。

NB-IoT 覆盖面积为 2G、4G 网的 3 倍。信号强度（信噪比）随到基站的距离越远，其越低。

NB-IoT 是如何实现强覆盖技术的呢？得益于下面因素。

（1）**空口重传**：为了增强信号覆盖，在 NB-IoT 的无线信道上，支持通过重复传送数据（又称重传机制）对重复接收的数据进行合并，来提高数据通信的质量，这样的方式可以增加信号覆盖的范围，也能提升信号穿墙能力。

（2）**子载波频带带宽低**：NB-IoT 通过对物理信道格式、调制规范的重新定义，使其子载波频带带宽低至 15kHz，从而使其在相同的信号功率下，功率谱密度（PSD）更高，换言之，降低了对信号强度的要求，能够在 LTE、GPRS 网络覆盖不到的边缘区域正常通信。

3. 超大接入

一个小型 NB-IoT 基站（约 200kHz 带宽）可接入 50000 个终端，远远多于 LTE 可接入的 1000 个设备。

4. 低成本

NB-IoT 不需要重新建网，射频和天线基本上都是复用的。以中国移动为例，900MHz 里面有一个比较宽的频带，只需要清出来一部分 2G 的频段，就可以直接进行 LTE 和 NB-IoT 的同时部署。

5.1.4 NB-IoT 应用

NB-IoT 的应用场景和市场极其广泛和分散，涵盖智慧城市（智慧电表、智慧水表、智慧路灯、智慧交通、智慧环境、SMAR 能源灯、智慧消防等）、消费电子、物品跟踪、工业控制、农业监测、安全和零售等领域，预计将颠覆传统行业，图 5-1-5 所示为典型 NB-IoT 技术应用——智慧消防。

图 5-1-5 典型 NB-IoT 技术应用——智慧消防

智慧消防系统基于 NB-IoT 无线网络传输，没有复杂的布线，安装简单，不需要火灾报警控制主机，系统可以直接连接至终端用户的手机 App 和消防平台等，一旦发生火灾，就可通过语音/短信服务器及时通知用户警情，其系统构成更为简洁，适用于庞大的民用消防报警领域，尤其是建筑结构较为分散的场合，如商铺、小区、企业园区等。

📖 任务实施

任务实施前必须先准备好以下设备和资源。

序号	设备/资源名称	数量	是否准备到位（√）
1	NB-IoT 通信终端	1 套	
2	温湿度变送器	1 个	
3	RS232 转 RS485 转换器	1 个	
4	USB 转 RS232 线	1 根	
5	计算机	1 台	

本次任务使用到的 NB-IoT 通信终端设备说明如图 5-1-6 所示，NB-IoT 设备组件包括NBDTU、适配器、SIM 卡、天线等。

产品型号	TiBox-NB200
产品名称	钛极NB-IoT可编程数传控制器
工作电压	6～28V
无线传输方式	NB-IoT
有线传输方式	RS485/RS232
频段（MHz）	全网通（B1/B3/B5/B8/B20/B28）
SIM 卡规格	标准 SIM 卡
通信天线	胶棒天线
发射电流	<120mA@20dB
外壳材料	金属

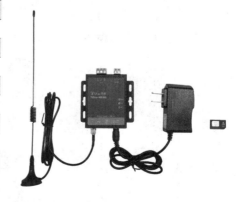

图 5-1-6 NB-IoT 通信终端设备说明

1．配置温湿度变送器

（1）连接硬件环境。

温湿度变送器接 24V 直流电源，RS485 接口通过 RS232 转 RS485 转换器接到 USB 转

RS232 线，最后插到计算机的 USB 接口上，如图 5-1-7 所示，首次连接需要安装 USB 转 RS232 线驱动。

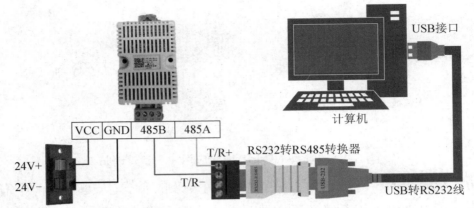

图 5-1-7　温湿度变送器与计算机连接

（2）配置温湿度变送器。

温湿度变送器可以使用串口调试助手和厂家配套工具进行配置，这里采用串口调试助手对温湿度变送器的地址和波特率进行配置。

设置串口参数（波特率为"9600"，检验位为"NONE"，数据位为"8"，停止位为"1"，流控制为"NONE"），接收设置和发送设置勾选"HEX"复选框，发送设置勾选"自动发送附加位"复选框，并选择 CRC16/ MODBUS 算法，如图 5-1-8 所示。

> **知识链接**
>
> 厂家配套工具的使用请查阅项目 1 任务 3 中的任务实施部分。

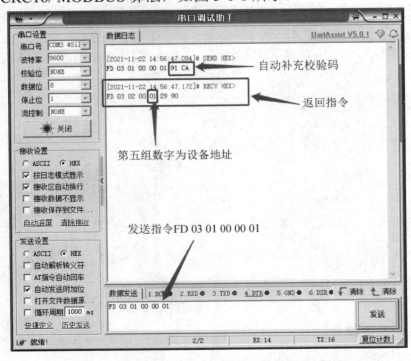

图 5-1-8　使用串口调试助手配置温湿度变送器地址

温湿度变送器的地址查询指令为 FD 03 01 00 00 01。若要更改设备地址，则输入更改指令，即原地址 06 01 00 00 的新地址。温湿度变送器的指令说明如表 5-1-2 所示。

表 5-1-2 温湿度变送器的指令说明

		地址码	功能码	起始地址	数据长度	CRC16 低	CRC16 高
询问地址指令	发送	0xFD	0x03	0x01,0x00	0x00,0x01	0x91	0xCA
	返回	地址码	功能码	有效字节数	设备地址	CRC16 低	CRC16 高
		0xFD	0x03	0x02	0x00,0x05	0x28	0x53
修改地址指令	发送	原地址码	功能码	起始地址	新地址	CRC16 低	CRC16 高
		0x05	0x06	0x01,0x00	0x00,0x01	0x48	0x72
	返回	地址码	功能码	有效字节数	设备地址	CRC16 低	CRC16 高
		0x05	0x06	0x01,0x00	0x00,0x01	0x48	0x72
询问波特率指令	发送	地址码	功能码	起始地址	数据长度	CRC16 低	CRC16 高
		0xFD	0x03	0x01,0x01	0x00,0x01	0xC0	0x0A
	返回	地址码	功能码	有效字节数	设备波特率	CRC16 低	CRC16 高
		0xFD	0x03	0x02	0x00,0x02	0x69	0x91
修改波特率指令	发送	地址码	功能码	起始地址	数据长度	CRC16 低	CRC16 高
		0x01	0x06	0x01,0x01	0x00,0x01	0x18	0x36
	返回	地址码	功能码	有效字节数	设备波特率值	CRC16 低	CRC16 高
		0x01	0x06	0x01,0x01	0x00,0x01	0x18	0x36

表 5-1-2 中，设备波特率 00 代表 2400，01 代表 4800，02 代表 9600，重启设备才能生效。

2. 下载 NB-IoT 设备固件

步骤如下。

（1）用 micro 数据线连接 NB-IoT 设备和计算机。

（2）打开"Ti-Device Manager"软件。

（3）如图 5-1-9 所示，选择对应的串口，单击"连接设备"按钮，若无法连接，则请按住设备 Reset 键同时给设备上电。

（4）如图 5-1-10 所示，单击"下载 APP[①]"按钮，选择 App 所在的路径，然后开始下载。

（5）下载成功后，单击"应用列表"按钮，右击程序（本例为 NLE_NB_DTU1.0），设置程序为自启动，然后断开设备，退出下载程序界面，如图 5-1-11 所示。

（6）断开设备（不断开的话后面配置有可能会与串口冲突），退出"Ti-Device Manager"软件。

---

① 此处 APP 为软件自带表示形式，为与图片统一，此处没有修改为 App。

图 5-1-9　NBDTU 串口连接界面

图 5-1-10　NBDTU 下载界面

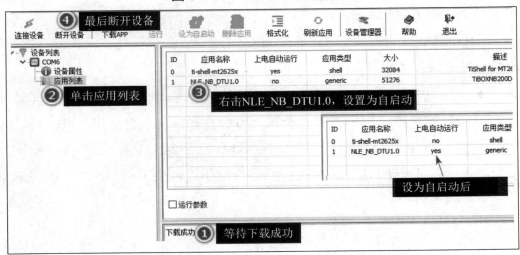

图 5-1-11　程序的自启动设置

3. 配置 NB 设备

在配置 NB 设备的时候是需要配置传输密钥的，那么这个密钥是怎么来的呢？首先在云平台上添加一个 NB 设备（按默认方式添加，名称自定义），添加完成后，复制 NB 设备的访问令牌，该访问令牌就是 NB 设备的传输密钥，如图 5-1-12 所示。

图 5-1-12　云平台上新增 NB 设备

打开 NBDTU 配置工具，选择正确的串口，并打开串口，配置工具界面应提示串口打开成功，如图 5-1-13 所示。若无法成功打开串口，则先按住 NB 设备的 Reset 键不放，重新连接 USB 串口线到计算机，再松开 Reset 键即可。

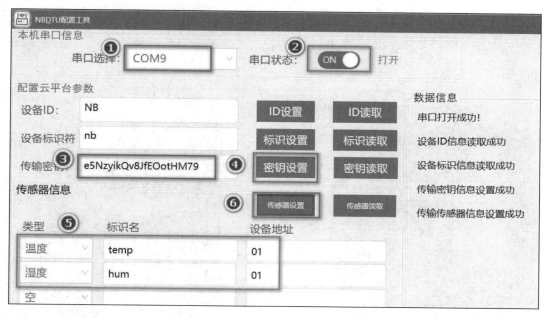

图 5-1-13　NBDTU 配置

先将云平台的 NB 设备的访问令牌复制到传输密钥一栏，然后单击"密钥设置"按钮。传感器设置：类型选择温度和湿度，标识名自定义，设备地址为温湿度变送器的设备地址。

4．搭建硬件环境

设备配置完成后，按图 5-1-14 所示完成设备安装和接线，保证设备安装整齐美观，设备安装接线遵循横平竖直和就近原则。

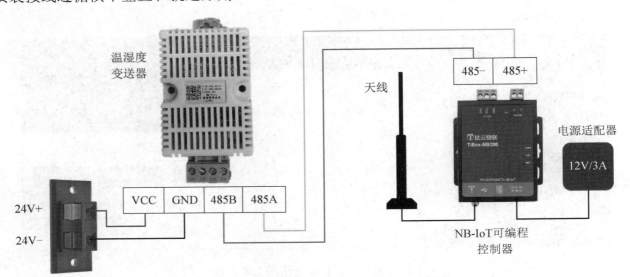

图 5-1-14　环境监测系统设备接线图

NB-IoT 设备的安装需要确保设备中安装有 SIM 卡和连接好天线。

5．测试功能

为 NB 设备上电，正常状态下 NB 设备的 PWR 和 NET 指示灯常亮，LED 指示灯闪烁如图 5-1-15 所示。此时观察温湿度变送器，红色指示灯常亮，蓝色指示灯闪烁，如图 5-1-16 所示，说明数据传输正常。

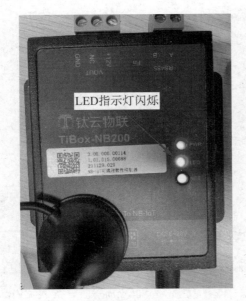

图 5-1-15　NB 设备指示灯

图 5-1-16　温湿度变送器指示灯

在云平台上单击 NB 设备，查看最新遥测，能实时获取温湿度变送器上传的数据，如图 5-1-17 所示。

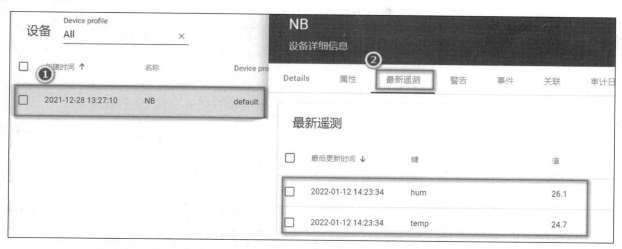

图 5-1-17　云平台的 NB 设备数据展示

任务小结

本次任务相关知识的思维导图如图 5-1-18 所示。

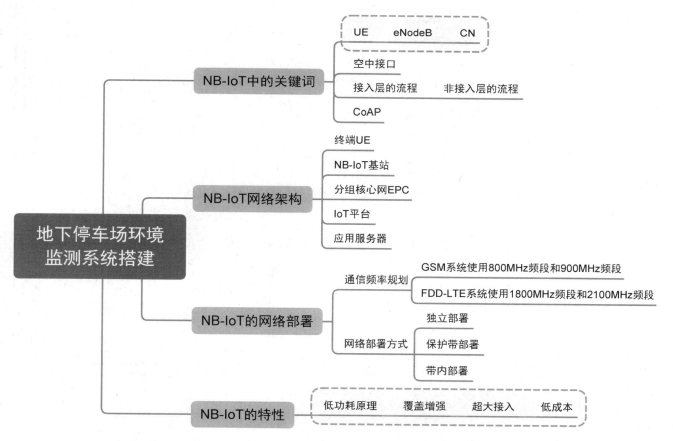

图 5-1-18　任务 1　地下停车场环境监测系统搭建思维导图

💡 任务工单

项目 5　智慧园区——园区数字化监控系统安装与调试	任务 1　地下停车场环境监测系统搭建

一、本次任务关键知识引导

1. 无线通信技术从传输距离上可分为两类：（　　　　　　　　）和（　　　　　　　　　）。

2. NB-IoT 网络架构包括（　　　　　）、（　　　　　）、（　　　　　）、（　　　　　）、
（　　　　　　　）五部分。

3. NB-IoT 的部署可以分为（　　　　　）、（　　　　　）、（　　　　　）。

4. NB-IoT 终端工作在（　　　）模式时，会关闭收发信号机，不监听无线侧的寻呼。

二、任务检查与评价

评价方式	可采用自评、互评、教师评价等方式		
说　　明	主要评价学生在项目学习过程中的操作技能、理论知识、学习态度、课堂表现、学习能力等		
序号	评价内容	评价标准	分值	得分
1	知识运用（20%）	掌握相关理论知识，完成本次任务关键知识引导的作答准确率（20 分）	20 分	
2	专业技能（40%）	全部正确完成"准备设备和资源"操作（+5 分） 全部正确完成"配置温湿度变送器"操作（+5 分） 全部正确完成"NB-IoT 设备固件下载"操作（+5 分） 全部正确完成"配置 NB-IoT 设备"操作（+10 分） 全部正确完成"搭建硬件环境"操作（+5 分） 正确完成"测试功能"操作，并且功能全部正常（+10 分）	40 分	
3	核心素养（20%）	具有良好的自主学习、分析解决问题、帮助他人的能力，整个任务过程中指导过他人并解决过他人问题（20 分） 具有较好的学习能力和分析解决问题的能力，任务过程中未指导过他人（15 分） 具有主动学习并收集信息的能力，遇到问题请教过他人并得以解决（10 分） 不主动学习（0 分）	20 分	
4	职业素养（20%）	实验完成后，设备无损坏、设备摆放整齐、工位区域内保持整洁、未干扰课堂秩序（20 分） 实验完成后，设备无损坏、未干扰课堂秩序（15 分） 未干扰课堂秩序（10 分） 干扰课堂秩序（0 分）	20 分	
总得分				

任务 2　门禁远程控制系统搭建

🎖 职业能力目标

- 能够搭建和配置 LoRa 设备进行组网通信。
- 能够完成物联网中心网关与 LoRa 的连接配置。

⏰ 任务描述与要求

任务描述：为了园区财产和人员安全，园区在关键的出入口通道上都安装有门禁系统，一旦发生火情或要紧急疏散人群时，就需要人工逐个开启，效率极低，为提高门禁的管理效率，要求在监视平台上能够远程控制门禁开启。经研究，选用 LoRa 技术进行远程无线通信。

任务要求：

- 按设备接线图要求正确完成设备的安装和接线。
- 完成对 LoRa 通信终端设备的正确配置。
- 完成云平台和物联网中心网关的配置，实现云平台远程控制设备。

💻 知识储备

5.2.1　LoRa 无线通信技术

LoRa 是 LPWAN（Low Power Wide Area Network，低功耗广域网）通信技术中的一种，是美国升特（Semtech）公司采用和推广的一种基于扩频技术的超远距离无线传输方案。这一方案改变了以往关于传输距离与功耗的折中考虑方式，为用户提供了一种简单的能实现远距离、电池寿命长、大容量的系统，进而扩展传感网络。目前，LoRa 主要在全球免费频段运行，包括 433MHz、868MHz、915MHz 等，图 5-2-1 所示为 LoRa 协议层的组成架构。

LoRa 基于 Sub-GHz 的频段使其更容易以较低功耗远距离通信，可以使用电池供电或其他能量收集的方式供电，较低的数据速率也延长了电池寿命和增加了网络的容量，LoRa 信号对建筑的穿透力也很强，LoRa 的这些技术特点更适合于低成本大规模的物联网部署。

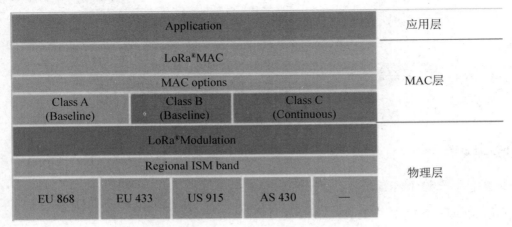

Application					应用层
LoRa®MAC					MAC层
MAC options					
Class A (Baseline)	Class B (Baseline)		Class C (Continuous)		
LoRa®Modulation					
Regional ISM band					物理层
EU 868	EU 433	US 915	AS 430	—	

图 5-2-1　LoRa 协议层的组成架构

1. LoRa 的技术特点

- 安全：AES128 加密。
- 调制方式：基于扩频技术，线性调制扩频（CSS）的一个变种。
- LoRa 具有前向纠错（FEC）能力，它是 Semtech 公司私有专利技术。
- 传输距离远：市区城镇内可达 2～5km，在郊区可达 15km 及以上。
- 穿透性强：LoRa 穿墙能力比传统 FSK、GFSK 强，但受到外界因素的影响，这个与模块的发射功率、墙的厚度等因素都有关系。
- 传输速率低：几十到几百 kbit/s，但低速率伴随了远距离传输。
- 工作频段免授权：ISM 频段，包括 433MHz、868MHz、915MHz 等。
- 低成本：LoRa 网关价格低，企业可自组网，降低运营成本。
- 低功耗：电池寿命可达 10 年。
- 大容量：一个 LoRa 网关可连接上万个节点。

2. LoRa 协议

LoRa 协议中最典型的就是 LoRaWAN 协议，此外，还有 CLAA 协议，以及 LoRa 数据透传。

LoRaWAN 协议：LoRa 联盟推出并维护的基于 LoRa 芯片的开源 MAC 层通信协议，其优势在于节点容量大，是全球统一的协议标准。不同厂家的设备只要遵循 LoRaWAN 协议，就能够互联互通。

CLAA 协议：中国 LoRa 应用联盟（China Lora Application Alliance，CLAA）是在 LoRa Alliance 支持下，由中兴通信发起，各行业物联网应用创新主体广泛参与、合作共建的技术联盟。

LoRa 数据透传：产品使用 MCU 封装 AT 命令，做成 LoRa 模块，并保留 RS232/RS485 等接口，将 LoRa 用于简单的数据传输应用。透传模式下数据的传输过程不影响数据的内容，所发即所传，透传模式的优势在于可实现两个 LoRa 数据透传终端即插即用，不需要任何数据传输协议。

5.2.2 LoRaWAN 通信技术架构

1. LoRaWAN 无线通信组成结构

LoRaWAN 网络主要由终端（可内置 LoRa 模块）、网关（或称基站）、网络服务器和应用服务器四部分组成，如图 5-2-2 所示。

终端：终端节点，一般是各类传感器，可进行数据采集、开关控制等。

网关：LoRa 网关，对收集到的节点数据进行封装转发或透传。

网络服务器：简称 NS，主要负责上下行数据包的完整性校验。

应用服务器：简称 AS，主要负责 OTAA 设备的入网激活，应用数据的加解密。

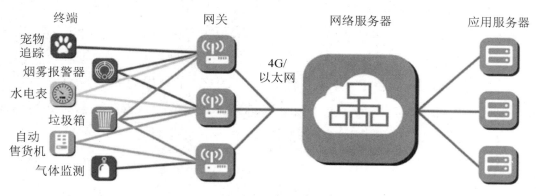

图 5-2-2　LoRa 协议层

注意：LoRaWAN 中网关只是透传，加解密是由节点和服务分别完成的，图 5-2-3 所示为 LoRaWAN 数据传输过程。

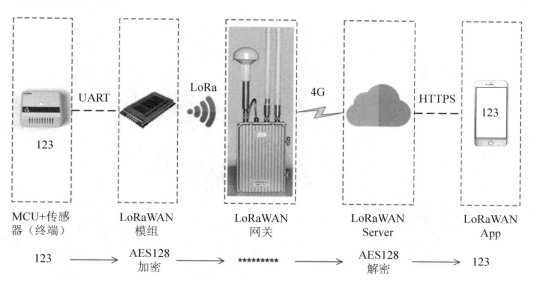

图 5-2-3　LoRaWAN 数据传输过程

LoRa 设备在正式收发数据之前，终端都必须先入网才能正常工作，必须要获取三个加密参数，这三个加密参数分别为 DevAddr、NwkSKey 和 AppSKey。而 LoRa 设备入网通常包括 OTAA 和 ABP 两种不同的入网方式。

OTAA：全称是 Over The Air Activation，中文意思是空中激活方式。OTAA 的终端入网流程相对比较复杂，需要准备 DevEUI、AppEUI、AppKey 这三个参数。

- DevEUI：节点的唯一身份标识，类似设备 MAC，就像每个员工在企业中的工号一样。
- AppEUI：应用 ID，应用提供者的唯一标识，可以把 AppEUI 理解为企业中的部门名称。
- AppKey：由应用程序拥有者分配给终端，用来计算会话密钥，终端节点使用 AppKey 从 Join Accept 中计算出会话密钥 NwkSKey 和 AppSKey，用于节点入网成功之后的通信，这就是一个完整的入网请求流程。

OTAA 的入网步骤：终端节点发起入网 Join Request 请求流程，通过网关转发到 NS（网络服务器），NS 确认无误后会给终端进行入网回复，分配网络地址 DevAddr（32 位 ID），双方利用入网回复中的相关信息和 AppKey，产生会话密钥 NwkSKey 和 AppSKey，用来对数据进行加密和校验。

ABP：全称是 Activation By Personalization，中文意思是个性化激活。ABP 终端简化了入网流程，直接配置了三个加密参数 DevAddr、NwkSKey 和 AppSKey，不需要入网流程，可直接发送应用数据。所以 OTAA 设备相对来说比 ABP 设备安全性更高一些。

2. LoRaWAN 组网结构

LoRaWAN 组网结构是一个典型的星状拓扑结构，在这个网络架构中，LoRa 网关是一个透传的中继，连接终端设备和后端中央服务器；网关与服务器间通过标准 IP 连接，终端设备采用单跳与一个或多个网关通信；所有的节点与网关间均是双向通信。LoRa 星状拓扑结构如图 5-2-4 所示。

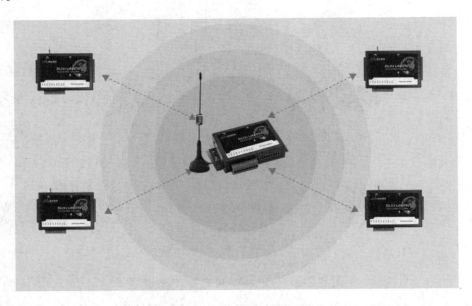

图 5-2-4　LoRa 星状拓扑结构

LoRaWAN 与自组网透传进行对比，如表 5-2-1 所示。

表 5-2-1　协议对比

比较项	自组网透传	LoRaWAN
网络拓扑结构	星状	星状
网络拓扑设备	主机、从机	云服务器、网关、节点
中继级数	2	0
节点容量	100	>2000
最高速率	48kbit/s	5kbit/s
部署方式	本地化部署	云端部署
协议属性	私有协议	通用协议

5.2.3　LoRaWAN 通信终端类型

LoRaWAN 网络根据实际应用的不同，把终端设备划分成 A、B、C 三类，具体每一类的功能如表 5-2-2 所示。

表 5-2-2　A、B、C 类对比

Class	介绍	下行时机	应用场景
A	Class A 的终端采用 ALOHA 协议按需上报数据。在每次上行后都会紧跟两个短暂的下行接收窗口，以此实现双向传输。这种操作是最省电的	必须等待终端上报数据后才能对其下发数据	垃圾桶监测、烟雾报警器、气体监测等
B	Class B 的终端除了 Class A 的随机接收窗口，还会在指定时间打开接收窗口。为了让终端可以在指定时间打开接收窗口，终端需要从网关接收时间同步的信标	在终端固定接收窗口即可对其下发数据，下发的延时有所提高	阀控水气电表等
C	Class C 的终端基本一直打开着接收窗口，只在发送时短暂关闭。Class C 的终端会比 Class A 和 Class B 的终端更加耗电	由于终端处于持续接收状态，因此可在任意时间对终端下发数据	路灯控制等

LoRa 的终端节点可以是各种设备，如水表、气表、烟雾报警器、宠物跟踪器等。这些节点通过 LoRa 无线通信先与 LoRa 网关连接，再通过 3G 网络或以太网连接到网络服务器中。网关与网络服务器之间通过 TCP/IP 协议通信。

5.2.4　LoRa 通信配置关键词

本次任务中使用的不是 LoRaWAN 的通信方式，而是采用 LoRa 数据透传的方式，这种情况下的配置与 LoRaWAN 有些不同，下面是 LoRa 数据透传的通信配置中常涉及的相关关键词。

1．空中速率（波特率）

空中速率表示 LoRa/FSK 无线（在空气中）通信速率，也叫空中波特率，单位为 bit/s。若空中速率高，则数据传输速度快，传输相同数据的时间延迟小，但传输距离会变短。同一个 LoRa 网络下的设备使用相同的波特率。

2．工作协议

LoRa 模块的串口数据协议，可分为 TRNS 和 PRO。

- TRNS：数据透传，此时需要配置透传地址，即目的地址。
- PRO：串口数据必须以一定的数据格式进行发送和接收。

一般使用透传模式进行数据传输。

3．工作频率

LoRa 模块数据传输的工作频率（Radio Frequency，RF），也可称为信道；同一个 LoRa 网络下的设备使用相同的频率，否则数据传输不能相互接收。不同的硬件模块可工作的频段不同，大致分为低频段（525MHz 以下）和高频段（525MHz 以上）两类；典型的工作频段为 410～441MHz，一般使用 433MHz；470～510MHz 中一般使用 433MHz 和 470MHz；850～950MHz 中一般使用 868MHz。不同应用地区有不同的频段限制，以及不同信道的干扰因素，误码率不同，因此需要根据实际情况调整此值。

有些 LoRa 设备的工作频段有禁用频点，这些频点的频率通信性能极差，一般避开 1MHz 以上，如 401～510MHz 有禁用频点 416MHz、448MHz、450MHz、480MHz、485MHz。

4．网络 ID

网络 ID（NetID）是网络服务器 NS 的一个参数，可以简单理解成 NS 的 ID，在同一个 LoRa 网络下，所有设备使用相同的网络 ID。

5．设备地址

终端节点在每次的数据交互过程中，无线数据必须要包括设备的节点地址 DevAddr，一个中心设备最多支持 255 个终端设备，即设备地址是 1～255，同一个 LoRa 网络中不能出现两个相同的 DevAddr。

综上所述，同一个 LoRa 网络的设备具有相同的工作频率、网络 ID、波特率，以及不同的设备短地址。

任务实施

任务实施前必须先准备好以下设备和资源。

序号	设备/资源名称	数量	是否准备到位（√）
1	LoRa 通信终端	2 个	
2	4150 采集控制器	1 个	
3	物联网中心网关	1 个	
4	路由器	1 个	
5	风扇（代替门锁使用）	1 个	
6	继电器	1 个	
7	RS232 转 RS485 转换器	1 个	
8	USB 转 RS232 线	1 根	
9	计算机	1 台	
10	电源适配器	1 个	

本次任务使用的 LoRa 通信终端设备如图 5-2-5 所示。

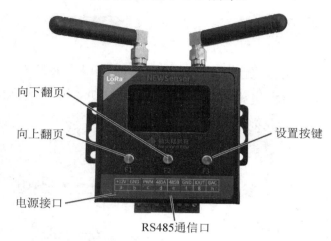

图 5-2-5　LoRa 通信终端设备

① 电源接口：采用 DC 12V/1A。

② 通信方式：支持 LoRa、RS485 通信。

③ RS485 通信口：采用透传方式，无线配置。

④ 工作频段：401～510MHz（禁用频点 416MHz、448MHz、450MHz、480MHz、485MHz）。

⑤ 无线发射功率：可达 5km@250bit/s（测试环境下）。

1. 搭建 LoRa 通信终端配置环境

两个 LoRa 通信终端的配置接线方式是一样的，用串口通信线连接计算机和 LoRa 终端的
RS485 接口，如图 5-2-6 所示。

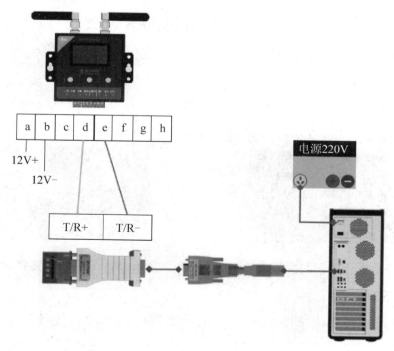

图 5-2-6　LoRa 通信终端硬件连接

2. 配置 LoRa 通信终端

（1）配置主节点。

LoRa 终端上电后按 F3 键切换至配置模式。

在计算机上打开 NEWSensor 配置工具，选择对应串口，并选择"透传模式"，设备地址设置为"1"，LoRa 频段设置为"4301"，网络 ID 设置为"199"，如图 5-2-7 所示。

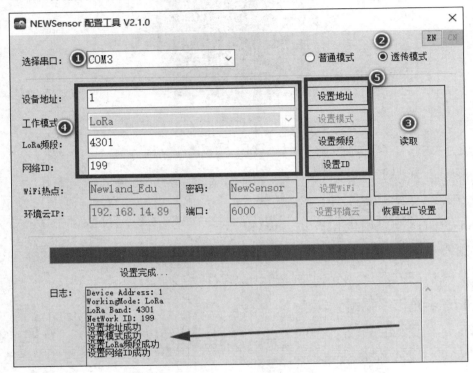

图 5-2-7　LoRa 模块配置

LoRa 主节点配置好后，LoRa 通信终端的主节点界面如图 5-2-8 所示。

（2）配置从节点。

从节点的配置除了设备地址不一样，其他的配置与主节点的配置一样（LoRa 频段、网络 ID）。LoRa 从节点配置好后，LoRa 通信终端的从节点界面如图 5-2-9 所示。

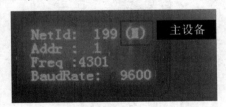

图 5-2-8　LoRa 通信终端的主节点界面

图 5-2-9　LoRa 通信终端的从节点界面

3. 搭建硬件环境

设备配置完成后，认真识读图 5-2-10 中的接线图，在本项目任务 1 的基础上继续完成下列设备的安装和接线，保证设备接线正确，本次任务使用风扇代替门锁进行实验。

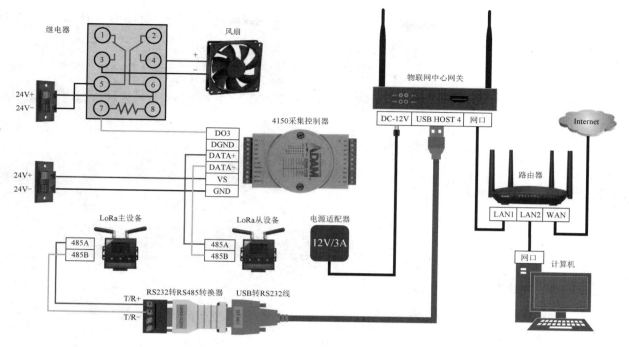

图 5-2-10　门禁远程控制系统接线图

4．配置物联网中心网关

正确配置计算机 IP 地址和路由器 IP 地址，并使用浏览器登录物联网中心网关配置界面。

（1）配置连接器。

在物联网中心网关配置界面，选择"新增连接器"选项，连接器名称自定义，连接器设备类型选择"Modbus over Serial"，设备接入方式选择"串口接入"（LoRa 主设备接物联网中心网关的串口），波特率选择"9600"，串口名称选择"/dev/ttySUSB4"，如图 5-2-11 所示。

（2）新增 4150 设备。

在连接器中首先选择新增的 4150 采集控制器，然后选择"新增设备"选项，设备名称自定义（本例为 4150 设备），设备类型选择"4150"，设备地址为 4150 的设备地址（本例为 1），最后单击"确定"按钮，完成 4150 设备的添加，如图 5-2-12 所示。

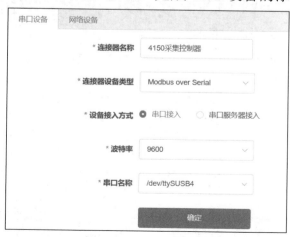

图 5-2-11　配置连接器

图 5-2-12　新增 4150 设备界面

在 4150 采集控制器下新增执行器，如风扇，传感名称和标识名称自定义，传感类型选择"风扇"，通道根据实际连线的通道号而定，如图 5-2-13 所示。

（3）功能测试。

在网关的数据监控中心可查看执行器，可以在此对风扇进行远程控制，如图 5-2-14 所示。

图 5-2-13　新增执行器界面

图 5-2-14　控制风扇运转界面

5．配置云平台

（1）创建物联网中心网关设备。

进入 ThingsBoard 云平台，在设备栏中，新添加一个 IoTGateWay 的物联网中心网关设备。

（2）配置物联网中心网关与云平台对接。

单击创建好的物联网中心网关设备"IoTGateWay"右侧的"设备凭据"图标，复制设备凭据中的"访问令牌"信息，如图 5-2-15 所示。

图 5-2-15　复制"访问令牌"信息

将所复制的"访问令牌"信息粘贴到物联网中心网关配置界面中的"Token"中，如图 5-2-16 所示。

图 5-2-16　物联网中心网关令牌配置

至此，完成了物联网中心网关设备与 ThingsBoard 云平台的对接。刷新 ThingsBoard 云平台上设备列表，可以看到物联网中心网关中的风扇设备也显示在设备列表中，如图 5-2-17 所示。

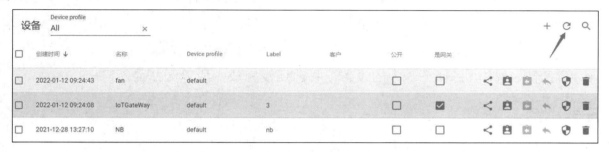

图 5-2-17　刷新设备列表

6．导入云平台仪表板

单击左侧"仪表板库"选项，在仪表板库中单击"+"号，选择导入仪表板功能，将本书配套资源中的"园区数字化监控系统.json"导入仪表板中。图 5-2-18 所示为导入后的仪表板界面。

图 5-2-18　导入后的仪表板界面

7．测试功能

打开"园区数字化监控系统"仪表板，在该界面中可以看到本次项目中所有设备的工作情况，如图 5-2-19 所示。

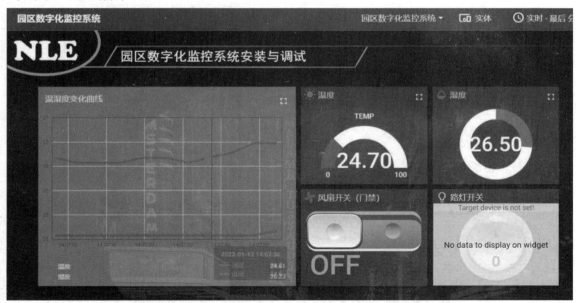

图 5-2-19　园区数字化监控系统界面

如果数据无法显示，则需要重新对"实体别名"进行配置操作。

- 温湿度变化曲线：可以形象地呈现出本项目任务1中温湿度的历史波动情况。
- 温度：表示任务1中温湿度变送器当前检测到的温度值。
- 湿度：表示任务1中温湿度变送器当前检测到的湿度值。
- 风扇开关（门禁）：可以通过按钮实现远程控制风扇的开与关。
- 路灯开关：本项目任务3中的设备，目前还没完成，所以无法显示。

📖 任务小结

本次任务相关知识的思维导图如图5-2-20所示。

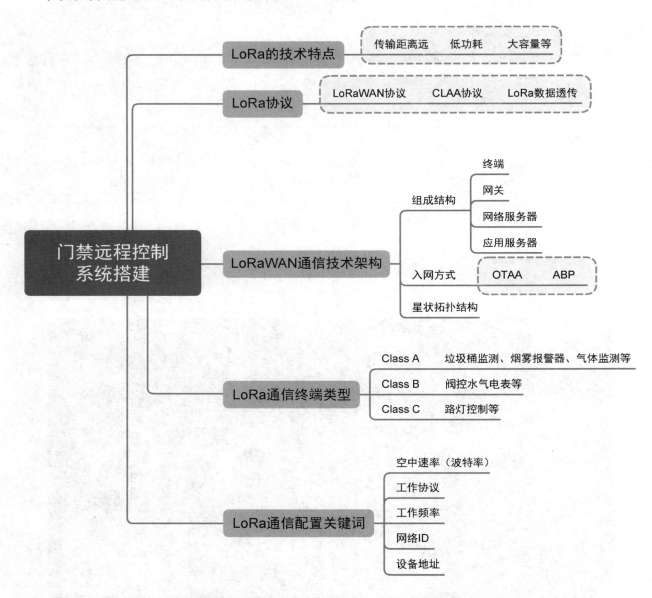

图5-2-20　任务2　门禁远程控制系统搭建思维导图

任务工单

项目 5 智慧园区——园区数字化监控系统安装与调试	任务 2 门禁远程控制系统搭建

一、本次任务关键知识引导

1. LoRa 运行在全球免费的频段上，包括（　　　　）、（　　　　）、（　　　　）等。

2. LoRa 在郊区通信时可达（　　　　）km 及以上，在市区城镇内可达（　　　　）km。

3. LoRa 协议有（　　　　）、（　　　　）和（　　　　）。

4. LoRaWAN 网络主要由（　　　）、（　　　）、（　　　）和（　　　）四部分组成。

5. LoRa 设备入网通常包括（　　　　）和（　　　　）两种不同的入网方式。

6. LoRaWAN 中终端的工作类型有 Class A、Class B 和 Class C，其中最省电的是（　　　　），最耗电的是（　　　　）。

7. 同一个 LoRaWAN 网络中所有设备使用的网络 ID 是（　　　　），设备使用的波特率是（　　　　）。

8. LoRa 模块的串口数据协议可分为（　　　　）和（　　　　）。

二、任务检查与评价

评价方式	可采用自评、互评、教师评价等方式			
说　明	主要评价学生在项目学习过程中的操作技能、理论知识、学习态度、课堂表现、学习能力等			
序号	评价内容	评价标准	分值	得分
1	知识运用（20%）	掌握相关理论知识，完成本次任务关键知识引导的作答准确率（20 分）	20 分	
2	专业技能（40%）	全部正确完成"准备设备和资源"操作（+5 分）	40 分	
		全部正确完成"搭建 LoRa 通信终端配置环境"操作（+5 分）		
		全部正确完成"配置 LoRa 通信终端"操作（+5 分）		
		全部正确完成"搭建硬件环境"操作（+5 分）		
		全部正确完成"配置物联网中心网关"操作（+5 分）		
		全部正确完成"配置云平台"操作（+5 分）		
		全部正确完成"导入云平台仪表板"操作（+5 分）		
		正确完成"测试功能"操作，并且功能全部正常（+5 分）		
3	核心素养（20%）	具有良好的自主学习、分析解决问题、帮助他人的能力，整个任务过程中指导过他人并解决过他人问题（20 分）	20 分	
		具有较好的学习能力和分析解决问题的能力，任务过程中未指导过他人（15 分）		
		具有主动学习并收集信息的能力，遇到问题请教过他人并得以解决（10 分）		
		不主动学习（0 分）		
4	职业素养（20%）	实验完成后，设备无损坏、设备摆放整齐、工位区域内保持整洁、未干扰课堂秩序（20 分）	20 分	
		实验完成后，设备无损坏、未干扰课堂秩序（15 分）		
		未干扰课堂秩序（10 分）		
		干扰课堂秩序（0 分）		
	总得分			

智能路灯控制系统搭建

🐝 职业能力目标

- 能够搭建和配置 ZigBee 无线通信网络。
- 会使用配置工具配置 ZigBee 终端。

⏰ 任务描述与要求

任务描述：项目要求对路灯控制进行改造，要求在原有路灯的基础上加装远程控制功能。响应国家节能环保政策，实现按需照明、节约照明。经研究，园区路灯较多，而且相隔较近，采用 ZigBee 无线通信技术最为合适。

任务要求：

- 按设备接线图要求正确完成设备的安装和接线。
- 完成对 ZigBee 通信终端设备的正确配置。
- 完成云平台和物联网中心网关的配置，实现云平台远程控制设备。

💻 知识储备

5.3.1 ZigBee 无线通信技术基础知识

1. ZigBee 无线通信技术概述

ZigBee 译为"紫蜂"，它与蓝牙类似，是一种新兴的短距离无线通信技术，用于传感控制应用。ZigBee 技术是一种应用于短距离和低速率下的无线通信技术，它的传输距离在 10～75m 的范围内，但可以继续增加；在以数据信息为载体进行传输时，ZigBee 技术是主要的技术指标，它使用起来比较安全，而且容量性很强，被广泛应用到人类的日常通信传输中。ZigBee 无线通信技术如图 5-3-1 所示。

2. ZigBee 节点类型

ZigBee 网络中的节点主要有三种类型：协调器节点、路由节点、终端节点。其功能如下：

图 5-3-1 ZigBee 无线通信技术

协调器节点：ZigBee 协调器是网络各节点信息的汇聚点，是网络的核心节点，负责组建、维护和管理网络，并通过串口实现各节点与上位机的数据传递；ZigBee 协调器有较强的通信能力、处理能力和发射能力，能够把数据发送至远程控制端。

路由节点：负责转发数据资料包，进行数据的路由路径寻找和路由维护，允许节点加入网络并辅助其子节点通信；路由节点是终端节点和协调器节点的中继，它为终端节点和协调器节点之间的通信进行接力。路由设备可以允许其他终端设备加入网络，实现其他节点的消息转发功能，也可以直接当成终端设备来传送数据，功耗较低。

终端节点：可以直接与协调器节点相连，也可以通过路由器节点与协调器节点相连。ZigBee 终端节点是具体执行的数据采集传输的设备，不能转发其他节点的消息。

3. ZigBee 组网过程

组建一个完整的 ZigBee 网状网络包括以下两个步骤。

① 协调器启动网络，进行网络初始化。ZigBee 网络初始化只能由协调器发起，一个 ZigBee 网络中有且仅有一个 ZigBee 协调器，一旦网络建立好了，协调器就退化成路由的角色，甚至是可以去掉协调器的，这一切得益于 ZigBee 网络的分布式特性。注意，在一个网络中，有且只能有一个协调器（Coordinator）。

② 节点加入网络。其中节点加入网络又包括两个步骤：通过与协调器连接入网和通过已有父节点入网。ZigBee 的网络支持星状、网状和树状（Mesh）拓扑，如图 5-3-2 所示。

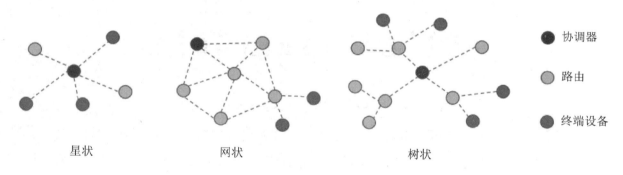

星状　　　　网状　　　　　　树状

协调器

路由

终端设备

图 5-3-2　ZigBee 网络拓扑

在星状拓扑中，网络由协调器单个设备控制，协调器起到了启动和维护网络中设备的作用。所有设备直接与协调器通信。在网状拓扑和树状拓扑中，ZigBee 协调器的职责是启动网络，网络延展性可以通过路由来扩充。在树状拓扑中，路由在网络中通过分层策略中继数据和控制信息。在网状拓扑中允许所有路由功能的设备直接互连，由路由器中的路由表实现消息的网状路由，使得设备间可以对等通信。路由功能还能够自愈 ZigBee 网络，当某个无线连接断开时，路由功能又能自动寻找一条新的路径避开断开的网络连接。由于 ZigBee 执行基于 AODV 专用网络的路由协议，该协议有助于网络处理设备移动、连接失败和数据包丢失等问题。网状拓扑减少了消息的延时，同时增强了可靠性。

5.3.2 ZigBee 组网参数

1. CHANNEL

CHANNEL 是指 ZigBee 的工作信道。ZigBee 通信使用的是免执照的工业科学医疗（ISM）频段，其支持 3 个频段通信，分别为 868MHz（欧洲）、915MHz（美洲）、2.4GHz（全球）。ZigBee 在这 3 个频段中定义了 27 个物理信道。其中，868MHz 频段定义了 1 个信道，915MHz 频段定义了 10 个信道，信道间隔为 2MHz，2.4GHz 频段定义了 16 个信道，信道间隔为 5MHz，如图 5-3-3 所示。

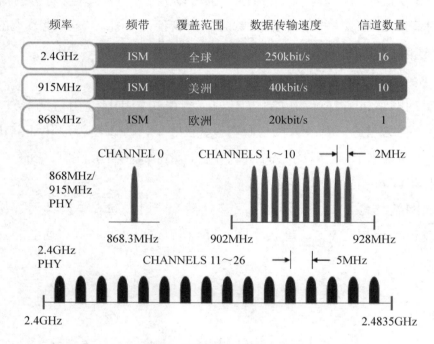

图 5-3-3　ZigBee 信道在 2.4GHz 频段上分布

在我国通常支持的免费频段是 2.4GHz，而 ZigBee 信道中属于 2.4GHz 频段的信道号为 11～26。因此，在配置 ZigBee 终端的时候，通常信道号（也叫 CHANNEL）只能选择 11～26 的值。

由于 ZigBee、WiFi 和 Bluetooth 都使用 2.4GHz 频段，因此会存在相互干扰的问题，其中 ZigBee 的 15、20、25、26 信道与 WiFi 信道冲突较小；Bluetooth 基本不会冲突；无线电话尽量不与 ZigBee 同时使用。

两个 ZigBee 通信终端要互相通信，必须保证信道号是一样的。

2. PAN ID

当一个环境中存在多个 ZigBee 网络时，16 个信道可能就不够用了，如果两个网络设置在同一个默认信道，那么有可能 A 的终端加到 B 的网络中去。解决这个问题的方法是使用 PAN ID 给网络编号。图 5-3-4 所示为同一信道下的不同 PAN ID 组网情况。

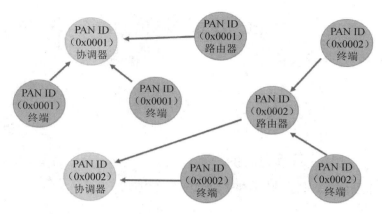

图 5-3-4 同一信道下的不同 PAN ID 组网情况

PAN 的全称为 Personal Area Networks,即个域网。每个个域网都有一个独立的 ID 号,即称为 PAN ID。整个个域网中的所有设备共享同一个 PAN ID。ZigBee 设备的 PAN ID 可以通过程序预先指定,也可以在设备运行期间,自动加入一个附近的 PAN 中。每个 ZigBee 网络只允许有一个 ZigBee 协调器,协调器在上电启动后扫描现存网络的环境,选择信道和网络标识符,然后启动网络。

PAN ID 由 4 位十六进制数组成,可选数值范围为 0x0000~0xFFFF,其中 0xFFFF 比较特殊,如果协调器的 PAN ID 为 0xFFFF,则协调器会随机产生一个值作为自己的 PAN ID;如果路由器和终端设备的 PAN ID 为 0xFFFF,则会在自己的默认信道上随机选择一个网络加入,加入之后协调器的 PAN ID 即自己的 PAN ID。

3. ZigBee 设备的地址

ZigBee 提供了两种地址类型便于设备通信使用,分别是 IEEE 地址和网络地址。

IEEE 地址,也称为扩展地址或 MAC 地址。这是一个 8 字节的 64 位地址,由设备商固化到设备中,地址由 IEEE 分配。当然现在买到的开发板芯片上的 IEEE 地址一般应该为全 F,这是一个无效地址,就是说这个芯片还没有分配地址。可以使用 Texas Instruments 编程软件读写一个 IEEE 地址,如图 5-3-5 所示。

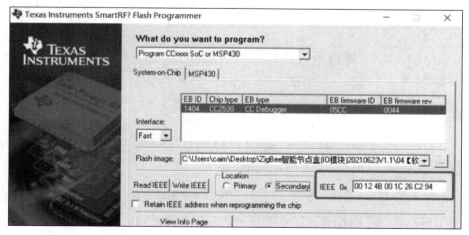

图 5-3-5 使用 Texas Instruments 编程软件读写 IEEE 地址画面

由于 IEEE 地址太长难以记忆，因此 ZigBee 协议中增加了网络地址这个参数。

网络地址，也称为短地址。它是一个 16 位的地址，取值范围为 0x0000～0xFFFF，其中有几个特殊的地址。

- 0xFFFF：一个对全网络中设备进行广播的广播地址。
- 0xFFFE：如果目的地址为这个地址，那么应用层将不指定目标设备，而是通过协议栈读取绑定表来获得相应目标设备的短地址。
- 0xFFFD：如果在命令中将目标地址设为这个地址，那么只对打开了接收的设备进行广播。
- 0xFFFC：广播到协调器和路由器。
- 0x0000：协调器设备的地址。

网络地址可以通过程序预先指定，或者由其上一级的节点给其分配。

5.3.3 ZigBee 设备的使用

在 ZigBee 设备组网时，要熟练掌握 ZigBee 设备的指示灯和功能键在不同情况下的使用技巧，这样才能对 ZigBee 组网时遇到的问题进行排查和解决。下面举例说明 ZigBee 指示灯和功能键的应用，如图 5-3-6 所示。

图 5-3-6　ZigBee 指示灯和功能键

1．指示灯

对于协调器，若连接指示灯常亮，则表示协调器已经建立 ZigBee 网络；若连接指示灯常灭，则表示协调器未建立 ZigBee 网络。通信指示灯常亮，说明允许入网；通信指示灯常灭，说明关闭允许入网。

对于 ZigBee 路由，若连接指示灯闪烁，则表示路由入网成功；若连接指示灯常灭，则表示路由未入网。通信指示灯常亮，说明允许入网；通信指示灯常灭，说明关闭允许入网。

2．功能键

短按。每短按一下功能键，设备在允许入网和关闭允许入网间切换。允许入网时，通信指示灯常亮；关闭允许入网时，通信指示灯常灭。

长按 3s。长按功能键 3s 时，通信指示灯开始闪烁，用于指示长按 3s 时间到，此时释放功能键，对于路由设备，将退出 ZigBee 网络；对于协调器设备，将重新建立 ZigBee 网络。

📖 任务实施

任务实施前必须先准备好以下设备和资源。

序号	设备/资源名称	数量	是否准备到位（√）
1	ZigBee 通信终端	2 个	
2	T0222 采集控制器	1 个	
3	物联网中心网关	1 个	
4	路由器	1 个	
5	报警灯（代替路灯使用）	1 个	
6	继电器	1 个	
7	RS232 转 RS485 转换器	1 个	
8	USB 转 RS232 线	1 根	
9	计算机	1 台	
10	电源适配器	1 个	

本次任务使用到的 ZigBee 通信终端设备如图 5-3-7 所示。

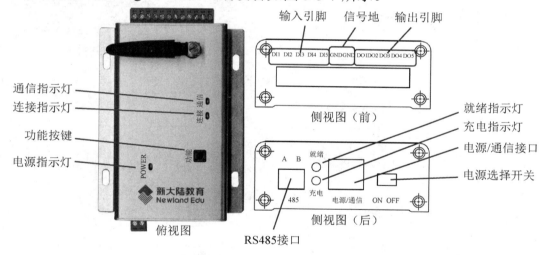

图 5-3-7　ZigBee 通信终端设备

① 通信指示灯：灯常亮说明允许入网，灯灭说明不允许入网。

② 连接指示灯：协调器灯常亮说明已建立 ZigBee 网络，灯灭说明未建立 ZigBee 网络；对于路由器灯闪烁表示入网成功，灯灭表示未入网。

③ 功能按键：短按设置允许入网或关闭入网，长按 3s 退出网络。

④ 电源指示灯：开机后指示灯点亮。

⑤ RS485 接口：可用于配置设备和连接外部 RS485 设备进行协议透传。

⑥ 电源选择开关：拨至 ON 时，接通内部电池，拨至 OFF 时，断开连接内部电池。

⑦ 电源/通信接口：除可用来供电和充电外，还可以通过该接口配置设备，波特率为 115200。

⑧ 充电指示灯：电池充电时指示灯亮起，充满后指示灯灭。

⑨ 就绪指示灯：电池充满电后指示灯亮起。

⑩ 输出引脚：DO1～DO5 共 5 个，输出 0 时，DO 口与 GND 导通，输出 1 时，DO 口浮空。

⑪ 信号地：使用 DI 口或 DO 口时需要接信号地线。

⑫ 输入引脚：DI1～DI5 共 5 个，可以采集+5V 电平的开关量信号，每隔 100ms 采集一次。

1. 配置 ZigBee 设备

（1）协调器配置。

取一个 ZigBee 通信终端，将 ZigBee 电源/通信接口连接至计算机的 USB 接口，电源选择开关拨至 OFF，如图 5-3-8 所示。

D 型口转 USB 线

ZigBee 通信终端

图 5-3-8　ZigBee 连接计算机

打开 ZigBee 配置工具，如图 5-3-9 所示。

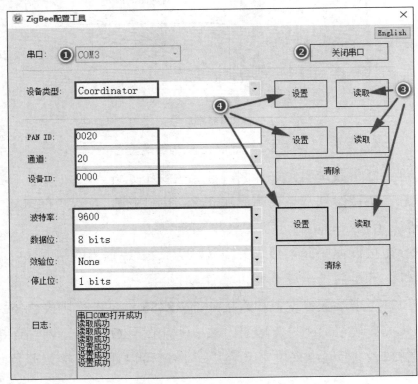

图 5-3-9　ZigBee 配置工具界面

① 选择正确的串口号。

② 打开串口。

③ 读取 ZigBee 设备的参数。

④ 配置设备类型为"Coordinator"，配置完单击"设置"按钮；配置 PAN ID 为"0020"，通道为"20"，设备 ID 必须配置为"0000"，配置完单击"设置"按钮。

⑤ 配置 RS485 接口的传输参数，波特率为"9600"，数据位为"8bits"，校验位为"None"，停止位为"1bits"，配置完单击"设置"按钮。全部配置完毕后关闭串口和配置工具。

（2）路由器配置。

另取一个 ZigBee 通信终端将 ZigBee 电源/通信接口连接至计算机的 USB 接口，电源选择开关拨至 OFF。打开 ZigBee 配置工具，要求将设备类型配置为"Router"，设备 ID 配置为"0002"，其他配置和协调器配置一致。

2. 配置 T0222 采集控制器

本次使用 DAM-T0222 设备的 RS485 通信接口进行传输数据，因此需要先配置设备的地址和波特率。将 DAM-T0222 的 RS485 接口波特率配置成"9600"，设备地址配置成"2"，单击"设定"按钮，至此完成了地址和波特率的配置。

> **知识链接**
>
> 在项目 2 的任务 2 中，有具体介绍配置 T0222 采集控制器的方法。

3. 搭建硬件环境

设备配置完成后，认真识读图 5-3-10 中的设备接线图，在本项目任务 1、任务 2 的基础上继续完成下列设备的安装和接线，保证设备接线正确。本次任务使用报警灯设备代替灯泡进行实验。

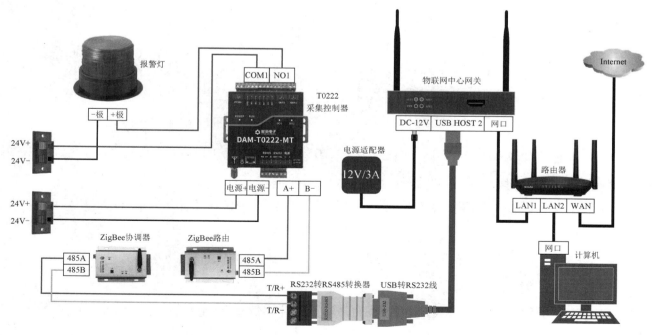

图 5-3-10　远程门禁控制系统接线图

4．配置物联网中心网关

系统设备连接完毕，正确配置计算机 IP 地址和路由器 IP 地址，并使用浏览器登录物联网中心网关配置界面。

（1）新增连接器。

在物联网中心网关配置界面中，如图 5-3-11 所示，完成连接器添加，其中"连接器设备类型"为"NLE MODBUS-RTU SERVER"，该类型可用于任何支持 Modbus 通信的设备。

> **知识链接**
>
> 设备直连网关的 RS485 接口时选择/dev/ttyS3，设备连接网关的 USB 接口时选择 /dev/ttySUSB+ 对应的 USB 接口号。

（2）添加执行器。

打开新建的连接器"T0222 采集控制器"项目，在右边单击"新增执行器"按钮，按图 5-3-12 所示完成路灯设备的添加。

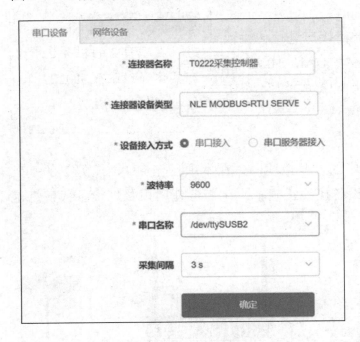

图 5-3-11　新增连接器　　　　　图 5-3-12　添加路灯设备

- 从机地址必须填写为"02"（该项对应 T0222 设备的地址）。
- 功能号为"01"（Modbus 协议中 01 表示控制输出功能）。
- 起始地址需要填写为"0000"（因为 T0222 的通信协议中 0000 表示 DO1 口，0001 表示 DO2 口）。
- 采样公式：用于将接收回来的数据进行转换，这里不用配置。

（3）测试功能。

在网关的数据监控中心可查看执行器，可在此对路灯进行远程控制，如图 5-3-13 所示。

图 5-3-13　控制路灯运转界面

5．配置云平台

进入 ThingsBoard 云平台，本次任务是在任务 2 的基础上进行的，因此已经完成了物联网中心网关与云平台对接这部分的操作，在 ThingsBoard 云平台上只要刷新设备列表，就可以看到物联网中心网关中的路灯设备（Lamp）也显示在设备列表中，如图 5-3-14 所示。

设备	Device profile All	✕							+ C Q
☐	创建时间 ↓	名称	Device profile	Label	客户	公开	是网关		
☐	2022-01-12 09:24:43	fan	default			☐	☐	< 🗎 🖿 ↩ 🛡 🗑
☐	2022-01-12 09:24:43	Lamp	default			☐	☐	< 🗎 🖿 ↩ 🛡 🗑
☐	2022-01-12 09:24:08	IoTGateWay	default	3		☐	☑	< 🗎 🖿 ↩ 🛡 🗑
☐	2021-12-28 13:27:10	NB	default	nb		☐	☐	< 🗎 🖿 ↩ 🛡 🗑

图 5-3-14　刷新设备列表

6．测试功能

打开"园区数字化监控系统"仪表板，在该界面中可以看到本次项目中任务 1、任务 2 和任务 3 所有设备，如图 5-3-15 所示。

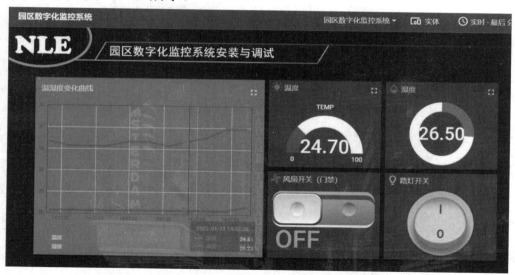

图 5-3-15　园区数字化监控系统界面

如果数据无法显示，则需要重新对"实体别名"进行配置操作。

- 温湿度变化曲线，可以形象地呈现出温湿度的历史波动情况。
- 温度模块，表示当下温湿度变送器检测到的温度值。
- 湿度模块，表示当下温湿度变送器检测到的湿度值。
- 风扇开关（门禁），可以通过按钮实现远程控制风扇的开与关。
- 路灯开关，可以通过按钮实现远程控制报警灯的开与关。

📖 任务小结

本任务相关知识的思维导图如图 5-3-16 所示。

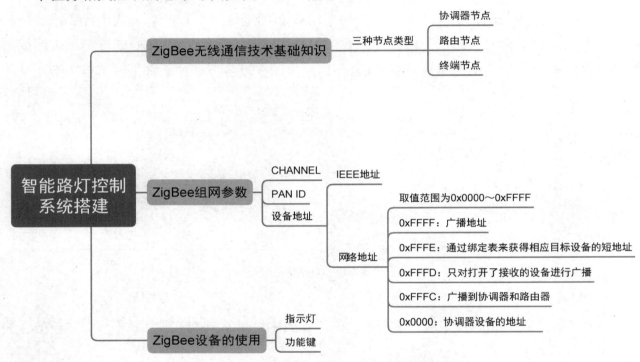

图 5-3-16　任务3　智能路灯控制系统搭建思维导图

💡 任务工单

项目5　智慧园区——园区数字化监控系统安装与调试	任务3　智能路灯控制系统搭建

一、本次任务关键知识引导

1. ZigBee 译为（　　　　），它是一种新兴的（　　　　）无线通信技术。

2. ZigBee 网络中的节点主要有（　　　）、（　　　）和（　　　）三种类型。

3. ZigBee 的网络支持（　　　）、（　　　）和（　　　）网络拓扑。

4. （　　　）是指 ZigBee 的工作信道，ZigBee 支持（　　）个频段，共定义了（　　）个物理信道。

5. ZigBee 信道中信道号 0 属于（　　）的频段，信道号 1～10 属于（　　　）的频段，11～26 属于（　　　）的频段。

6. PAN ID 是由 4 位（　　　）进制数组成的，可选数值范围为（　　　　　）。

7. ZigBee 提供了两种地址类型便于设备通信使用，分别是（　　　　）和（　　　　）。

8. ZigBee 中用于广播的广播地址是（　　　　），协调器设备的地址是（　　　　）。

二、任务检查与评价

序号	评价内容	评价标准	分值	得分
	评价方式	可采用自评、互评、教师评价等方式		
	说　明	主要评价学生在项目学习过程中的操作技能、理论知识、学习态度、课堂表现、学习能力等		
1	知识运用（20%）	掌握相关理论知识，完成本次任务关键知识引导的作答准确率（20分）	20分	
2	专业技能（40%）	正确完成"准备设备和资源"操作（+5分）	40分	
		正确完成"配置 ZigBee 设备"操作（+5分）		
		正确完成"配置 T0222 采集控制器"操作（+5分）		
		正确完成"搭建硬件环境"操作（+5分）		
		全部正确完成"配置物联网中心网关"操作（+5分）		
		成功完成"配置云平台"操作（+5分）		
		正确完成"测试功能"操作，并且功能全部正常（+10分）		
3	核心素养（20%）	具有良好的自主学习、分析解决问题、帮助他人的能力，整个任务过程中指导过他人并解决过他人问题（20分）	20分	
		具有较好的学习能力和分析解决问题的能力，任务过程中未指导过他人（15分）		
		具有主动学习并收集信息的能力，遇到问题请教过他人并得以解决（10分）		
		不主动学习（0分）		
4	职业素养（20%）	实验完成后，设备无损坏、设备摆放整齐、工位区域内保持整洁、未干扰课堂秩序（20分）	20分	
		实验完成后，设备无损坏、未干扰课堂秩序（15分）		
		未干扰课堂秩序（10分）		
		干扰课堂秩序（0分）		
		总得分		

项目 6

智慧仓储——分拣管理系统运行与维护

📝 引导案例

　　回顾过去十年的发展，如果说电子商务在中国是一个奇迹，那么物流行业才真正是中国过去十年诞生的最了不起的奇迹。随着我国快递投递速度越来越快，"有一种自豪叫中国快递"已成为许多在国外居住过的中国人的心声。支撑我国快递能取得如此优秀的成绩离不开分拣管理系统。分拣管理系统目前已经成为发达国家大中型物流中心不可缺少的部分，该系统的作业过程可以简单描述如下：物流中心每天接收成百上千家供应商送来的成千上万种商品，在短时间内将这些商品卸下并通过感知识别技术按商品品种、货主、储位或发送地点进行快速分类，再通过各种执行器将商品送到指定配送货架上。

　　分拣管理系统在物流中越重要，对系统的可靠性要求就越高。系统一旦发生故障就会造成商品堆积，打乱整个配送计划，给企业造成重大经济损失。因此，企业会要求厂家对分拣管理系统进行定期检查，一旦发生故障就要及时处理。图6-0-1所示为自动分拣和人工分拣对比图。

　　现有一家南方物流装备制造企业给北京市快快送公司的丰台区配送站点安装了一套分拣管理系统。南方物流装备制造企业生产的产品有分拣管理系统、自动化立体仓库系统等，业务涉及全国各地，在每个业务所在的省会城市都开设有办事处。

　　办事处人员的主要工作职责如下。

- 根据公司产品巡检规范要求，定期对所负责区域的产品进行巡检。
- 接听客户报修电话，远程指导客户解决和排查故障。
- 上门对故障产品进行维护处理。

图 6-0-1　自动分拣和人工分拣对比图

 ## 分拣管理系统运行监控

🦟 职业能力目标

- 能够根据要求完成对物联网应用系统的巡检。
- 能够正确填写项目巡检记录表。
- 掌握物联网项目巡检的基本内容和要求。

⏰ 任务描述与要求

> **任务描述**：2023 年 3 月 1 日，南方物流装备制造企业要求对北京市快快送公司在丰台区的配送站点进行分拣管理系统产品的定期巡检，巡检要求按公司产品巡检规范要求进行巡检。
>
> **任务要求**：
>
> - 按设备接线图完成分拣管理系统的硬件环境搭建。
> - 完成分拣管理系统的调试和功能测试。
> - 按项目巡检记录表完成分拣管理系统的巡检，并填写项目巡检记录表。

🖥 知识储备

6.1.1　故障定义与分类

对于巡检人员来说，首先需要了解什么是故障、哪些现象属于故障等与故障相关的知识。故障的定义是设备在运行过程中，丧失或降低其规定的功能及不能继续运行的现象。

故障可按不同纬度进行类型划分。

① 按工作状态划分：间歇性故障、永久性故障。

② 按发生时间程度划分：早发性故障、突发性故障、渐进性故障、复合故障。

③ 按产生的原因划分：人为故障、自然故障。

④ 按表现形式划分：物理故障、逻辑故障。

⑤ 按严重程度划分：致命故障、严重故障、一般故障、轻度故障。

⑥ 按单元功能类别划分：通信故障、硬件故障、软件故障。

6.1.2　设备巡检方式

工作中的一项很重要的内容就是对物联网设备的运行状况进行巡视检查。设置在运行状况下，其性能和状态的变化，除了依靠设备自身的保护机制、监控装置和仪表显示，设备故障初期的外部现象，还主要依靠巡检人员的定期和特殊检查来发现。设备巡检质量的高低、全面与否，与技术人员的经验、工作责任心和巡视方法都有关系。

目前，物联网系统集成项目设备运行监控主要采用现场巡检和远程监控两种方式。

1．现场巡检

物联网系统集成项目运维期内，运维工程师需要定期或不定期地到设备现场进行巡检。现场巡检设备的一般方法如下。

（1）使用仪器检查。

运维工程师在不影响系统正常运行的情况下，使用万用表、无线信号检测仪、笔记本、检测软件等本地使用的软硬件工具，判断设备是否有异常情况。

（2）采用"望、闻、问、切"巡检四法检查。

"望、闻、问、切"巡检四法就是通过巡检人员的眼睛、鼻子、耳朵、嘴巴、手的功能，对运行设备的外观、位置、气味、声响、温度、振动等方面，进行全方位检查。

① 望，就是用眼睛进行观察。在巡检时，巡检人员要充分利用自己的眼睛，从设备的外观发现是否有变形、变色、冒烟、漏气、漏水等现象，通过设备运行的显示数据发现设备是否处在正常状态，防止事故苗头被忽视。

② 闻，就是用耳朵和鼻子进行检查。巡检人员要耳听八方，充分利用自己的鼻子和耳朵，发现设备是否有发出异常气味和异常声响，从而找出异常状态下的设备，进行针对性的处理。

③ 问，就是用嘴巴进行询问。巡检人员要学会多问，问使用者或前班工作人员，是否有发现异常现象。多问几个为什么，有些问题就是在询问中发现的。对于前班工作和未能完成的工作，要问清楚，要进行详细的了解，做到心中有数，防止事故出现在交接班的间隔中。

④ 切，就是用手进行感触。只要设备或连线能用手或通过专门的巡检工具接触，巡检人员就可以通过手或专用工具来感觉设备运行中的温度、振动情况等。但是切忌不能乱摸乱碰，防止引起误操作。

从上述各方面的变化中发现异常现象，做出正确判断。"望、闻、问、切"巡检四法，是一个系统判断的方法，不应相互隔断，需要综合起来使用。

2. 远程监控

（1）监控辅助软件。

远程监控是采用设备运维监控和告警工具对设备监控，实际是对设备相关信息的采集分析过程。数据采集模式通常分为轮询、主动推送两种类型，采集过程是通过设备接口上运行的通信协议实现的。有些设备采用一些通用协议，常见协议有 TCP 协议、UDP 协议、SNMP 协议、Modbus 协议等，有些设备采用厂商独立协议。设备运维监控和告警工具可以自行编程开发或直接采用第三方工具。

通过部署设备运行监控和告警工具采集设备信息，设置相应的规则来判断设备运行状态，若设备运行异常则发出告警，在后端运维工程师可以根据告警信息进行设备故障排查。采集的信息主要包括：

传感器设备运行状态、数据状态等，控制设备的运行状态、指令执行状态等。

网关的运行状态、日志状态、数据传输状态等。

服务器的电源、CPU、内存、硬盘、网卡、HBA 卡状态和服务器日志等。

网络设备的电源状态、VLAN 状态、配置状态和设备日志等。

安全设备的电源状态、配置状态、安全状态和设备日志等。

终端设备处在网络拓扑结构的前端，是实现采集数据及向网络层发送数据的设备。因此主要远程监控的内容包括设备运行状态、数据状态等。具体如下。

① 设备是否在线。

② 设备是否运行。

③ 设备温度有无（若有，则可判断是否存在高温隐患）。

④ 设备备用电量。

⑤ 设备数据采集是否正常。

⑥ 设备数据是否发送正常等。

（2）网络设备监控。

网络设备监控的内容主要包括设备状态、设备日志，具体如下。

① 设备是否在线。

② 设备端口资源使用情况，如端口流量、速率。

③ 设备受攻击情况。

④ 设备软件服务状态，如网络安全设备的服务是否到期，病毒库是否更新等。

⑤ 设备日志等。

6.1.3 项目巡检记录表

项目巡检记录表的作用是规范员工的巡检工作事项，防止员工遗漏某些巡检项目，同时是设备的历史运行数据记录，为后续对设备进行技术分析时提供数据依据。项目巡检记录表一般由地点、巡检日期、巡检人、巡检产品、设备状态、结论等组成，表 6-1-1 所示为分拣管理系统项目巡检记录表。

表 6-1-1　分拣管理系统项目巡检记录表

项目巡检记录表					
地点	北京市快快送公司丰台区配送站点		巡检产品	分拣管理系统	
巡检日期	2023/3/1		巡检人	张三	
	设备	检查项目	描述	巡检结果	
设备状态	路由器	外观	无破损、灰尘	√正常	□异常
		电源指示灯	亮	√正常	□异常
		端口指示灯	闪烁	√正常	□异常
		网线卡口指示灯	LAN1 口、LAN2 口绿灯亮	√正常	□异常
	物联网中心网关	外观	无破损、灰尘	√正常	□异常
		电源指示灯	亮	√正常	□异常
		端口指示灯	闪烁	√正常	□异常
		网线卡口指示灯	绿灯亮、黄灯闪烁	√正常	□异常
	串口服务器	外观	轻微灰尘	√正常	□异常
		电源指示灯	亮	√正常	□异常
		端口指示灯	RX 灯、TX 灯交替闪烁	√正常	□异常
		网线卡口指示灯	绿灯亮、黄灯闪烁	√正常	□异常
	T0222 采集控制器	外观	轻微有划伤	√正常	□异常
		电源指示灯	亮	√正常	□异常
		运行状态指示灯	闪烁	√正常	□异常
		网线卡口指示灯	绿灯亮、黄灯闪烁	√正常	□异常
	4150 采集控制器	外观	有污渍	√正常	□异常
		运行状态指示灯	闪烁	√正常	□异常
		DI 口指示灯	不亮	√正常	□异常
关键点电压测量	供电电压（工位）	24V 供电	实测数值：24.2V	√正常	□异常
		12V 供电	实测数值：12.1V	√正常	□异常
	物联网中心网关	电源口	实测数值：24.2V	√正常	□异常
	未触发限位开关时	DI0 口电压	实测数值：3.3V	√正常	□异常
	触发限位开关时	DI0 口电压	实测数值：0V	√正常	□异常
平台运行状态	云平台显示结果	限位开关	显示数据：true	√正常	□异常
		报警灯运行状态	显示结果：关	√正常	□异常
结论	√正常　□异常		异常描述：无		

填写说明：

① 地点：巡检的物联网系统设备所在地。

② 巡检产品：有些客户会安装多套系统，这里填写具体巡检的产品名称。

③ 巡检人：对应巡检的人员名称。

④ 描述：填写眼睛所看到的实际现象。

⑤ 巡检结果：判断巡检的事项是否符合要求，如果该项要维护处理，则需要勾选为异常。

⑥ 关键点电压测量：使用相关检查工具进行测量。

⑦ 结论：需要体现最终巡检结果。

📖 任务实施

任务实施前必须先准备好以下设备和资源。

序号	设备/资源名称	数量	是否准备到位（√）
1	路由器	1 个	
2	交换机	1 个	
3	T0222 采集控制器	1 个	
4	物联网中心网关	1 个	
5	串口服务器	1 个	
6	4150 采集控制器	1 个	
7	报警灯	1 个	
8	限位开关	1 个	
9	分拣管理系统项目巡检记录表	1 份	
10	耗材	1 份	
11	计算机	1 台	
12	电源适配器	3 个	

1. 搭建硬件环境

首先，需要搭建分拣管理系统的硬件环境，认真识读图 6-1-1 中的设备接线图，严格要求在断电状态下，专心完成设备的安装和接线，保证设备接线正确。

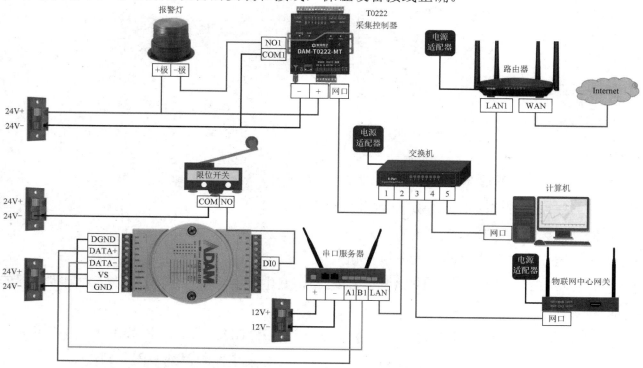

图 6-1-1　分拣管理系统运行监控接线图

2．配置设备 IP 地址

（1）路由器 IP 地址配置。

首先，需要获取路由器的 IP 地址才能登录路由器配置界面，配置计算机为自动获取 IP 地址方式，这时在网络连接详细信息中可以看到 IPv4 默认网关的 IP 地址，该 IP 地址就是路由器的 IP 地址，如图 6-1-2 所示。

使用浏览器，输入路由器 IP 地址登录路由器配置界面，按图 6-1-3 所示将 LAN IP 地址配置为 192.168.2.254/24。

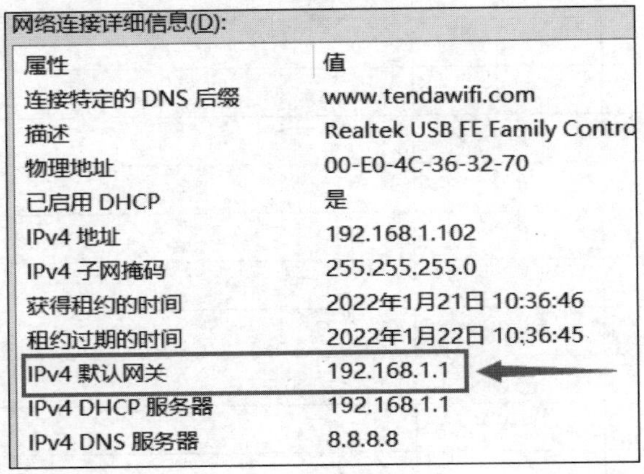

图 6-1-2　查看 IPv4 默认网关 IP 地址

图 6-1-3　查看路由器 IP 地址

（2）T0222 采集控制器 IP 地址配置。

打开 T0222 采集控制器中以太网配置软件，如图 6-1-4 所示，完成设备 IP 地址搜索。

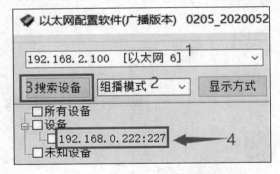

图 6-1-4　搜索 T0222 采集控制器 IP 地址

温馨提示

计算机 IP 地址和 T0222 采集控制器 IP 地址不在同一网段下，选择"组播模式"；在同一网段下，选择"广播模式一"。

① 选择连接方式：根据本机 IP 地址进行选择。

② 模式选择：选择"组播模式"。

③ 搜索设备：单击"搜索设备"按钮。

④ 设备 IP：该 IP 地址为 192.168.0.222:227，其中 192.168.0.222 是 T0222 采集控制器的 IP 地址。

T0222 采集控制器的 IP 地址修改，必须是计算机和 T0222 在同一网段下才能进行修改。

将计算机 IP 地址配置为 192.168.0.2/24，与 T0222 采集控制器处于同一网段。

重新打开 T0222 以太网配置软件，选择 192.168.0.222 的 IP 连接方式→选择广播模式→

勾选设备→设置静态 IP→设置服务端口（或保持默认 10000）→下载参数，如图 6-1-5 所示。

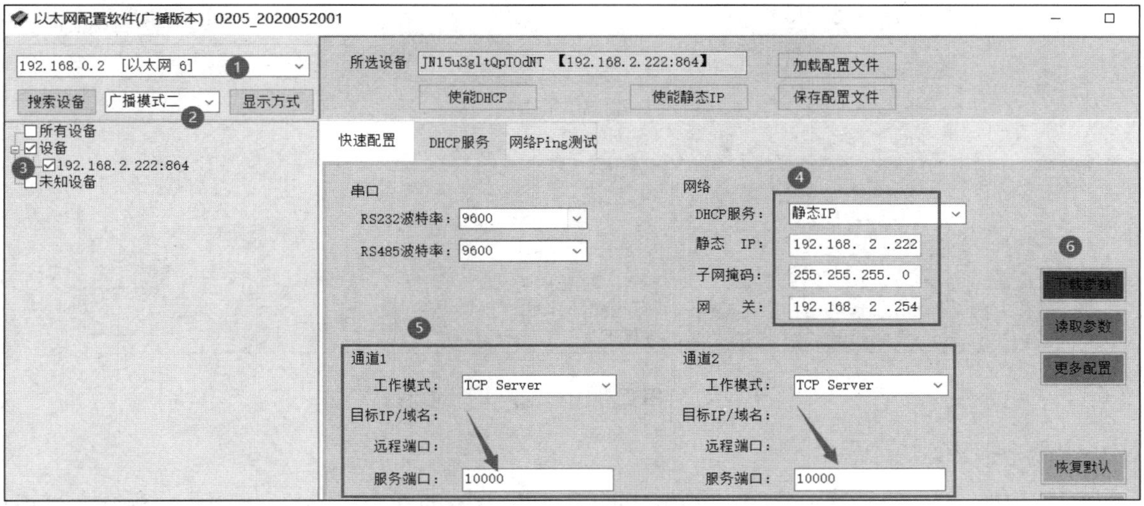

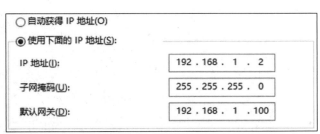

图 6-1-5　T0222 设备的 IP 地址和端口配置

（3）物联网中心网关 IP 地址配置。

配置计算机 IP 地址，如图 6-1-6 所示。

使用浏览器输入物联网中心网关 IP 地址 192.168.1.100（如果 IP 地址不对，则需要复位物联网中心网关，复位方法请查阅设备说明书），登录物联网中心网关配置界面，在"配置"项中选择"设置网关 IP 地址"，按图 6-1-7 所示完成物联网中心网关 IP 地址配置。

图 6-1-6　计算机 IP 地址配置 1 　　　　**图 6-1-7　物联网中心网关 IP 地址配置**

（4）串口服务器 IP 地址配置。

配置计算机 IP 地址，如图 6-1-8 所示。

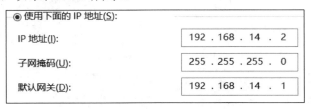

图 6-1-8　计算机 IP 地址配置 2

串口服务器默认 IP 地址是 192.168.14.200（如果 IP 地址不对，则需要复位串口服务器，复位方法请查阅设备说明书），使用浏览器登录串口服务器 IP 地址配置界面，将 IP 地址配置为 192.168.2.200，如图 6-1-9 所示。

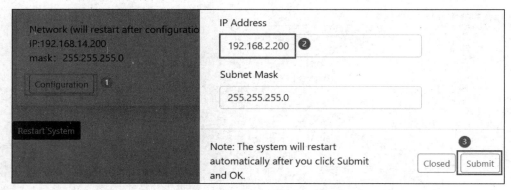

图 6-1-9　串口服务器的 IP 地址配置

（5）计算机 IP 地址配置。

上述设备 IP 地址配置完成后，需要将计算机的 IP 地址按图 6-1-10 所示配置，使所有设备都处于同一网段。

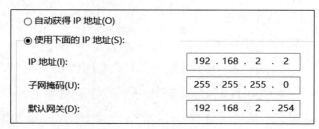

图 6-1-10　计算机 IP 地址配置 3

3．配置设备参数

（1）4150 采集控制器配置。

断电状态下，将 4150 采集控制器的拨码拨至 init 状态下，同时将 4150 采集控制器的 RS485 通信口与计算机相连，完成后给设备上电，打开 4150 采集控制器配置工具 AdamNET，将设备地址修改为 1，波特率为 9600bps[①]，其他参数保持默认即可（协议为"Modbus"，数据位为 8，停止位为 1，校验位为 None），如图 6-1-11 所示。

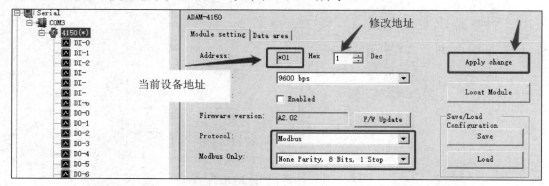

图 6-1-11　4150 采集控制器设备地址查询、配置

---

① 此处 bps 为软件自带单位，bps=bit/s。

（2）T0222 采集控制器配置。

打开 JYDAM 调试软件→单击"高级设置"按钮→将"通讯方式"调为"TCP"，如图 6-1-12 所示。

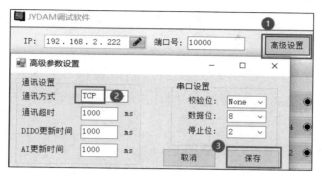

图 6-1-12　T0222 采集控制器通信连接配置

输入上述配置好的 IP 地址（192.168.2.222）和端口号（10000）→单击"打开端口"按钮→"读取"按钮配置信息。若要重新设置设备地址，则设置"偏移地址"→"设定"，这里将"偏移地址"设置为 2，如图 6-1-13 所示。

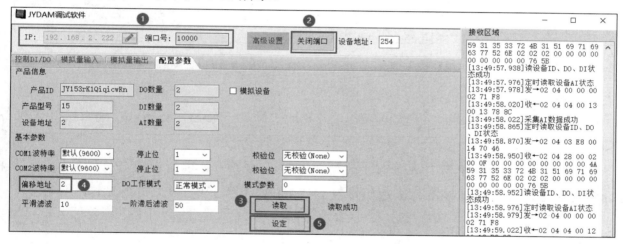

图 6-1-13　T0222 采集控制器配置

（3）串口服务器配置。

浏览器打开 192.168.2.200:8400，单击对应端口的"Configuration"，设置端口 5 的波特率值为"9600"，其他串口参数保持默认，如图 6-1-14 所示。

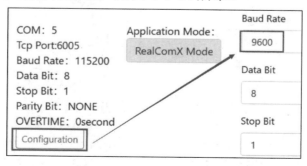

图 6-1-14　串口服务器的串口参数配置

4．配置物联网中心网关

（1）新建连接器。

① 新增 4150 连接器。选择"串口设备"选项卡，连接器设备类型为"Modbus over Serial"，设备接入方式为"串口服务器接入"，填写串口服务器的 IP 和串口服务器端口，如图 6-1-15 所示。

② 新增 T0222 连接器。新增连接器，选择"网络设备"选项卡，网络设备连接器类型选择"Modbus over TCP"，Modbus 类型选择"NLE MODBUS COMMON"，如图 6-1-16 所示。

图 6-1-15　新建连接器

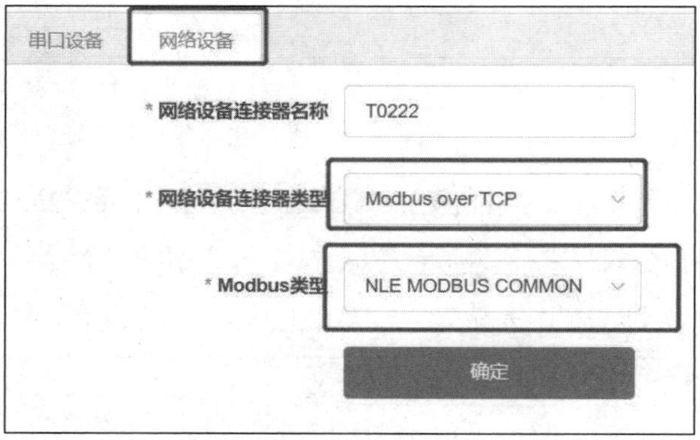

图 6-1-16　新增 T0222 连接器

（2）新增设备。

在 4150 连接器中新增一个 4150 设备，先单击"新增传感器"按钮，新增限位开关设备，如图 6-1-17 所示。

在 T0222 连接器中单击"新增执行器"，新增一个报警灯，填写设备 IP、设备端口、从机地址。功能号选择"01（线圈）"，起始地址为"0000"（第一通道），如图 6-1-18 所示。

图 6-1-17　新增限位开关设备

图 6-1-18　T0222 连接器新增报警灯

（3）网关配置结果测试。

在网关的数据监控中心可查看限位开关和报警灯状态，如图 6-1-19 所示。

图 6-1-19　网关数据监控中心的传感数据

5．配置云平台

（1）网关和云平台数据对接。

在 ThingsBoard 上新建一个物联网中心网关 gateway。

在物联网中心网关中，选择 TBCLient 模块，MQTT 服务端 IP 设置为"52.131.248.66"，MQTT 服务端端口设置为"1883"；Token 为云平台网关的访问令牌，如图 6-1-20 所示。

图 6-1-20　物联网中心网关与云平台对接配置

配置完成后，单击"刷新"按钮，可在云平台设备列表中查看所有的传感设备，如图 6-1-21 所示。

	创建时间 ↓	名称	Device profile	Label	客户	公开	是网关						
☐	2022-01-21 17:06:07	Limit	default			☐	☐	<	🗐	🗐	↰	🛡	🗑
☐	2022-01-21 17:06:07	alarm	default			☐	☐	<	🗐	🗐	↰	🛡	🗑
☐	2022-01-21 16:58:08	gateway	default			☐	☑	<	🗐	🗐	↰	🛡	🗑

设备　Device profile　All

图 6-1-21　云平台的设备列表

（2）仪表板配置。

在仪表板库中导入配套资源文件中"分拣管理系统.json"文件。"分拣管理系统"仪表板的界面如图 6-1-22 所示。

图 6-1-22　"分拣管理系统"仪表板的界面

配置结果要求：可以通过报警灯按键远程控制报警灯亮灭，并能实现当触碰限位开关时，仪表板上的数据会发生变化。

6．巡检分拣管理系统

准备一份"分拣管理系统项目巡检记录表"，按分拣管理系统项目巡检记录表要求完成分拣管理系统项目的软硬件巡检，将巡检结果填入表中。

任务小结

本任务相关知识的思维导图如图 6-1-23 所示。

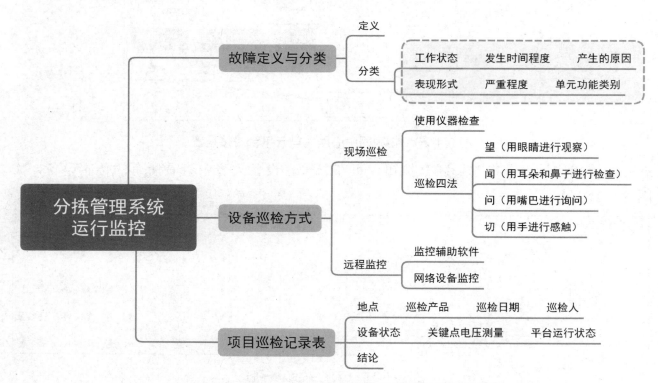

图 6-1-23　任务 1　分拣管理系统运行监控思维导图

🔅 任务工单

项目6 智慧仓储——分拣管理系统运行与维护	任务 1 分拣管理系统运行监控

一、本次任务关键知识引导

1. 故障按产生的原因可以划分为（   ）和（   ）。

2. 故障按严重程度划分为（   ）、（   ）、（   ）、（   ）。

3. 设备运行监控主要采用的两种方式是（   ）和（   ）。

4. 现场巡检中巡检四法是指（   ）、（   ）、（   ）、（   ）。

5. 数据采集模式通常分为（   ）和（   ）两种类型。

6. 终端设备主要远程监控的内容包括（   ）和（   ）等。

7. 网络设备监控的内容主要包括（   ）和（   ）。

8. 项目巡检记录表的作用是规范员工的（   ）事项，防止员工遗漏（   ）。

二、任务检查与评价

评价方式	可采用自评、互评、教师评价等方式			
说　　明	主要评价学生在项目学习过程中的操作技能、理论知识、学习态度、课堂表现、学习能力等			
序号	评价内容	评价标准	分值	得分
1	知识运用（20%）	掌握相关理论知识，完成本次任务关键知识引导的作答准确率（20分）	20分	
2	专业技能（40%）	正确完成"准备设备和资源"操作（+5分）	40分	
		正确完成"搭建硬件环境"操作（+5分）		
		正确完成"配置设备IP地址"操作（+5分）		
		正确完成"配置设备参数"操作（+5分）		
		全部正确完成"配置物联网中心网关"操作（+5分）		
		成功完成"配置云平台"操作（+5分）		
		正确完成"巡检分拣管理系统"的填写（+10分）		
3	核心素养（20%）	具有良好的自主学习、分析解决问题、帮助他人的能力，整个任务过程中指导过他人并解决过他人问题（20分）	20分	
		具有较好的学习能力和分析解决问题的能力,任务过程中未指导过他人（15分）		
		具有主动学习并收集信息的能力，遇到问题请教过他人并得以解决（10分）		
		不主动学习（0分）		
4	职业素养（20%）	实验完成后，设备无损坏、设备摆放整齐、工位区域内保持整洁、未干扰课堂秩序（20分）	20分	
		实验完成后，设备无损坏、未干扰课堂秩序（15分）		
		未干扰课堂秩序（10分）		
		干扰课堂秩序（0分）		
总得分				

任务 2 分拣管理系统故障定位

❧ 职业能力目标

- 能够与客户进行远程沟通排查故障。
- 能够应用故障分析法对系统故障进行正确排查。
- 能够规范填写系统故障维护单。

⏰ 任务描述与要求

> **任务描述**：分拣管理系统使用一段时间后，北京市快快送公司的技术员反馈出现了无法控制报警灯亮灭的故障现象，这时公司运维服务人员需要对故障点进行初步诊断，才能判断是否有必要前往现场维护和应该携带什么设备前往现场维护。
>
> 任务要求：
>
> - 使用"分析缩减法"确认出故障范围。
> - 使用其他故障分析法分析和判断出具体故障位置。
> - 填写系统故障维护单。

🖥 知识储备

6.2.1 常见硬件故障

在实际项目实施中，物联网系统硬件主要由服务器设备、网络通信设备及终端设备构成。服务器设备通常由服务运营商负责运维，网络通信设备由通信运营商与本地设备运维部门分别管理，终端设备由本地运维部门负责。因此，在运维过程中能够由运维部门处理的硬件设备主要是本地的网络通信设备及终端设备。

物联网终端设备硬件故障主要集中在以下几个方面：

① 设备电源故障。

② 设备间连线故障。

③ 设备通信接口故障。

④ 设备长时间工作产生的设备老化故障。

⑤ 受外力影响产生的设备故障。

在实验过程中，硬件故障基本包括以下几点：

① 设备供电故障。

② 设备连线错误。

6.2.2 故障分析和查找的方法

设备故障分析、查找的方法多种多样，运维过程中常用的几种方法如下。

（1）常规检查法。

常规检查法依靠人的感觉器官进行判断（如模块指示灯情况，有没有发烫、烧焦味、打火、放电现象等），并借助于简单的仪器（如万用表）来寻找故障原因，这种方法一般首先采用。

（2）直接检查法。

在了解故障原因时，根据经验针对出现故障概率高或一些特殊故障，可以直接检查所怀疑的故障点。

（3）仪器测试法。

仪器测试法借助各种仪器仪表测量各种参数，以便分析故障原因。例如，使用万用表测量设备电阻、电压、电流，判断设备是否存在硬件故障，利用 WiFi 信号检测软件检测设备 WiFi 通信网络故障原因。

（4）替代法。

替代法是在怀疑某个器件或模块有故障时，可用替换的模块器件进行更换，看故障是否消失，系统恢复正常。

（5）逐步排除法。

逐步排除法是通过逐步切除部分线路，以确定故障范围和故障点的方法。

（6）调整参数法。

在某些情况下出现故障时，不是因为元器件坏，只是某些参数调整得不合适，导致系统不能正常工作，这时应根据设备的具体情况进行调整。

（7）分析缩减法。

根据系统的工作原理及设备之间的关系，结合故障发生、分析和判断，减少测量、检查等环节，迅速判断故障发生的范围。

6.2.3 故障排查流程

一个物联网系统都会涉及感知设备、网络通信和服务器部分，涉及的面很广，所以在排查故障的时候不能漫无目的地排查，需要认真分析系统架构，从系统的信息通信流向进行排查。这里以物联网中心网关设备为例讲解故障排查流程。

物联网应用系统中的核心设备是物联网中心网关，所以排查系统故障时，可以先查看网关的数据是否正常，图 6-2-1 所示为某款物联网中心网关数据异常时的故障排查流程。

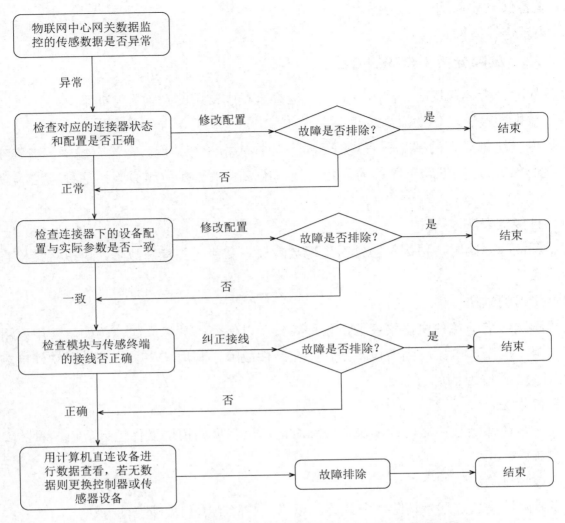

图 6-2-1　某款物联网中心网关数据异常时的故障排查流程

① 检查物联网中心网关数据监控的传感数据是否异常。

② 排查物联网中心网关下的连接器状态和配置是否正常。

③ 检查连接器下的设备配置与实际参数是否一致。

④ 检查模块与传感终端的接线是否正确。

⑤ 用计算机直连设备进行数据查看。

⑥ 更换控制器或传感器。

6.2.4　系统故障维护单

　　系统故障维护单的作用是记录客户的故障信息,同时是考核维护人员的工作情况记录单。维护人员通过该系统故障维护单获取客户的基本信息和故障情况,携带所需要的设备和工具前往维护。系统故障维护单中的处理结果一栏是公司用于约束维护人员严格遵守职业操守,表 6-2-1 所示为系统故障维护单。

表 6-2-1　系统故障维护单

系统故障维护单			
客户名称	北京市海淀区快快送公司	报修时间	2022/2/2
客户联系人	李四工程师	联系电话	13330222022
产品名称	分拣管理系统		
维护性质	√保修期内　　□保修期外　　□人为损坏　　□不可抗拒损坏　　□其他		
设备/故障点名称	故障现象		初步诊断原因
仪表板	无法控制报警灯亮灭工作		T0222 设备网口故障
处理结果	更换 T0222 设备		
客户评价	工作态度：　√非常满意　　□满意　　□不满意		
	工作效率：　√非常满意　　□满意　　□不满意		
	完成维护时间：　2022/2/2		
	故障解决情况及建议 　　完美解决故障 客户负责人：李四		

客户名称、报修时间、客户联系人、联系电话、产品名称、维护性质、设备/故障点名称、故障现象、初步诊断原因由技术服务人员填写。技术服务人员主要负责对故障进行初步判断，确认是否有必要前往现场维护，一般由负责该区域的售后技术人员或区域负责人负责。

处理结果：由负责前往现场处理故障的售后技术人员负责填写。

客户评价：由客户负责填写。

📖 任务实施

任务实施前必须先准备好以下设备和资源。

序号	设备/资源名称	数量	是否准备到位（√）
1	路由器	1 个	
2	交换机	1 个	
3	T0222 采集控制器	1 个	
4	物联网中心网关	1 个	
5	串口服务器	1 个	
6	4150 采集控制器	1 个	
7	报警灯	1 个	
8	限位开关	1 个	
9	分拣管理系统项目巡检记录表	1 份	
10	耗材	1 份	
11	系统故障维护单	1 份	
12	计算机	1 台	
13	电源适配器	3 个	

1. 准备硬件环境

本次任务在任务 1 的基础上进行故障定位操作，需要确认硬件环境的安装和连接（见图 6-1-1）。

2. 实现故障

本次任务的故障现象是仪表板无法控制报警灯亮灭。经过最后排查发现是 T0222 采集控制器网口的网络线脱落造成的，如图 6-2-2 所示。

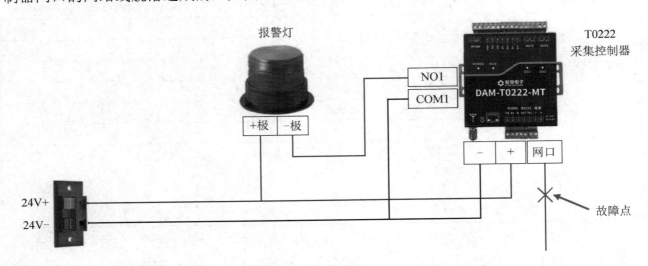

图 6-2-2　T0222 采集控制器故障点设置

下一步，讲解故障的定位过程。

3. 定位故障

（1）故障大致定位。

故障排查的方式有很多，因为本次任务主要以远程电话的方式进行故障排查定位，所以不适合让客户有太多的操作，最适合使用的故障排查方法是"分析缩减法"。

按以下方式确认故障的大致位置。

① 确认物联网中心网关的数据监测界面是否可以控制报警灯亮灭。

● 正常：故障可以定位在物联网中心网关至仪表板这部分。

● 异常：故障可以定位在物联网中心网关至报警灯这部分。

本次判断结果：发现物联网中心网关的数据监测界面功能异常无法控制报警灯亮灭。

② 确认 T0222 采集控制器能否正常接收物联网中心网关的控制指令，可以通过 T0222 采集控制器的输出口是否有声响进行判断。

● 有声响：故障可以定位 T0222 采集控制器至报警灯这部分。

● 无声响：故障可以定位 T0222 采集控制器至物联网中心网关这部分。

本次判断结果：发现 T0222 采集控制器无声响。

（2）故障具体定位。

根据故障大致定位后，可以将故障定位在 T0222 采集控制器至物联网中心网关这部分，再使用"常规检查法"进行故障的具体位置确认。

① 通过"常规检查法"中的查看方式，检查 T0222 采集控制器的电源指示灯是否处于点亮状态，从而判断是否开机。

② 通过"常规检查法"中的查看方式和触摸方式，检查 T0222 采集控制器的网络连接是否正常。

经检查发现是 T0222 的网线脱落，原因是网口较为松动，需要上门处理。

4．填写系统故障维护单

准备一份"系统故障维护单"，正确填写表单中的内容。客户评价一栏，待故障处理完成后由建设单位填写。

📖 任务小结

本次任务相关知识的思维导图如图 6-2-3 所示。

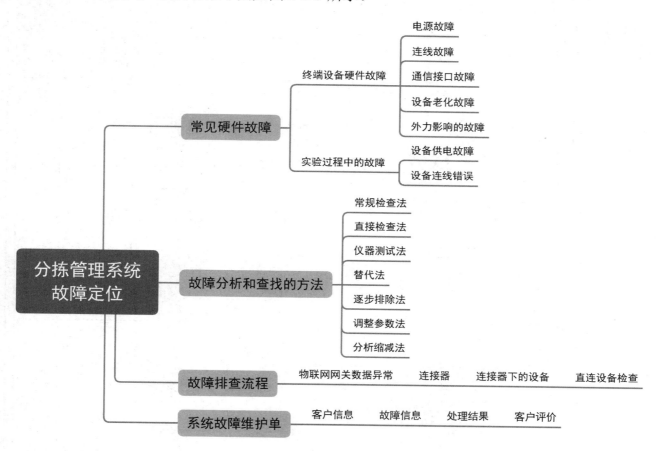

图 6-2-3 任务 2 分拣管理系统故障定位思维导图

任务工单

项目6 智慧仓储——分拣管理系统运行与维护	任务2 分拣管理系统故障定位

一、本次任务关键知识引导

1. 物联网系统硬件主要由（　　　　　　）、（　　　　　　）及（　　　　　　）构成。

2. 在运维过程中能够由运维部门处理的硬件设备主要是本地的（　　　　　　）及（　　　　　　）。

3. 故障分析和查找的方法有（　　　　　）、（　　　　　）、（　　　　　）、（　　　　　）、

（　　　　　）、（　　　　　）和（　　　　　）。

4. 物联网应用系统中的核心设备是（　　　　　　）。

5. 系统故障维护单的作用是记录客户的（　　　　　），同时是（　　　　）维护人员的工作情况记录单。

6. 系统故障维护单中客户名称、联系电话的信息由（　　　　）填写，处理结果由（　　　　）填写，客户评价由（　　　　）填写。

7. 维护人员可以通过系统故障维护单获取客户的（　　　　　）和（　　　　　）。

二、任务检查与评价

评价方式	可采用自评、互评、教师评价等方式			
说　明	主要评价学生在项目学习过程中的操作技能、理论知识、学习态度、课堂表现、学习能力等			
序号	评价内容	评价标准	分值	得分
1	知识运用（20%）	掌握相关理论知识，完成本次任务关键知识引导的作答准确率（20分）	20分	
2	专业技能（40%）	正确完成"准备设备和资源"操作（+5分）	40分	
		正确完成"搭建硬件环境"操作（+5分）		
		正确完成"实现故障"操作（+5分）		
		正确完成"定位故障"中故障点定位操作（+10分）		
		定位故障中，正确携带一件设备（+5分）		
		正确完成"填写系统故障维护单"的填写（+10分）		
3	核心素养（20%）	具有良好的自主学习、分析解决问题、帮助他人的能力，整个任务过程中指导过他人并解决过他人问题（20分）	20分	
		具有较好的学习能力和分析解决问题的能力，任务过程中未指导过他人（15分）		
		具有主动学习并收集信息的能力，遇到问题请教过他人并得以解决（10分）		
		不主动学习（0分）		
4	职业素养（20%）	实验完成后，设备无损坏、设备摆放整齐、工位区域内保持整洁、未干扰课堂秩序（20分）	20分	
		实验完成后，设备无损坏、未干扰课堂秩序（15分）		
		未干扰课堂秩序（10分）		
		干扰课堂秩序（0分）		
总得分				

任务 3　**分拣管理系统故障处理**

职业能力目标

- 了解故障维护的基本原则。
- 能够备份和还原数据采集控制器的设备配置信息。
- 能够对故障设备的更换进行规范操作。

任务描述与要求

> **任务描述**：经过远程电话指导后发现北京市快快送公司在丰台区配送站安装的一套分拣管理系统中 T0222 采集控制器网口出现故障。公司响应客户服务需求，不拖泥带水，及时安排当地办事处运维人员携带所需设备和工具赶往客户现场进行处理。
>
> **任务要求**：
> - 获取故障设备 T0222 采集控制器的配置信息。
> - 更换 T0222 采集控制器故障设备并进行功能测试。
> - 填写系统故障维护单。

知识储备

6.3.1　故障产生的原因

造成设备出现故障的主要原因有四点，分别是工程问题、外部原因、操作不当和系统原因，如图 6-3-1 所示。

工程问题　　　　外部原因　　　　操作不当　　　　系统原因

图 6-3-1　造成设备出现故障的主要原因

1. 工程问题

工程问题是指在工程施工中的不规范或工程质量差等原因造成的设备故障。这种类型的问题有的会在工程施工期间就暴露出来，有的可能会在设备运行一段时间后或某些外因的作用下才暴露出来，所以工程施工一定要遵循施工规范。

工程施工规范是根据工程的自身特点，并在结合一些经验教训的基础上总结出来的规范性说明文件，所以，严格按照工程规范施工安装，认真细致地按规范要求进行系统的调试和测试，是防止此类问题出现的有效手段。

2．外部原因

外部原因是指除系统自身以外导致系统故障的因素，包括：

① 电源故障，如设备掉电，供电电压过高或过低。

② 通信故障，如通信线路性能劣化、损耗过高，线路损断，插头接触不良。

③ 环境劣化，如雷击、电磁干扰等。

④ 恶意攻击，如病毒、黑客入侵等造成数据异常。

3．操作不当

操作不当指的是维护人员对物联网系统的了解不够深入，做出错误的判断和操作，从而导致物联网系统故障。在物联网系统故障维护工作中，由于维护人员不是非常清楚新旧设备或软件版本之间的差异，因此最容易出现操作不当导致的故障。例如，改网、升级、扩容时，出现新旧设备或软件混用、新旧版本混用而引发的兼容性或电性能故障。

4．系统原因

系统原因指的是系统本身的原因引发的故障，系统在运行较长的时间后，因软件开发不合理或设备电路板老化出现的损坏，这种故障的特点：系统已经使用较长的时间，在故障出现之前系统基本能正常使用，出现故障时，系统中的某些功能异常，或在某些外因的作用下出现性能异常现象。

6.3.2 故障排查原则

故障排查应遵循以下两个基本原则。

1．维护顺序原则

应遵循先抢通，后修复；先核心，后边缘；先本端，后对端；先网内，后网外；先软件，后硬件；分故障等级进行处理等原则。

（1）先抢通，后修复。

抢通指的是保证系统能用，修复是指彻底找到故障原因。所以故障抢通要比修复容易，所耗的时间也较短。在遇到大型故障时，都是要求先保证系统能正常使用，再慢慢修复故障。例如，移动通信出现故障时，都是要求先保证电话能打，不影响110、119、120这些急救电话的使用，再对故障原因进行排查。

（2）先核心，后边缘。

核心指的是关键设备，在物联网中常见的核心设备是物联网中心网关、采集控制器、路由器等设备，不同故障情况下核心设备是不一样的，通常要根据实际故障情况进行判断核心设备。边缘指的是传感器、执行终端这些末端设备。在一个物联网应用系统中一个核心设备底下通常会连接多个设备，所以一旦核心设备出现故障，就会造成大面积的系统故障。

（3）先网内，后网外。

网内指的是故障所在的局域网或传感网范围，网外指的是不在故障所在的网络范围内。由于网内的面积和距离较近，所以对于故障处理来说相对容易接触到，网外需要涉及其他设备，有时还需要联系相关设备管理员才能进行处理，处理起来较为麻烦。对于故障的原因来说，90%的故障原因都是在网内。

（4）先软件，后硬件。

一般情况下，软件故障相对更容易处理一些，所以排除故障应遵循先软后硬的原则，首先通过检测软件或工具软件排除软件故障的可能，然后检查硬件故障。

2．维护方法原则

在排除故障时，维护人员应该遵循一查、二问、三思、四动的原则，如图 6-3-2 所示。

查　　　　　　　　问　　　　　　　　思　　　　　　　　动

图 6-3-2　维护方法四原则

（1）查。

查就是查看，维护人员到达现场后，首先应该再仔细查看一下故障现象，包括系统的故障点、故障表现、严重程度、危害程度等信息。只有对故障现场进行全面了解后，才能发现故障的本质。有时候报修的故障现象会与现场维护时的故障现象不一致，这是由于故障具有扩展性的特点。

（2）问。

问就是询问，观察完故障现象后，应询问现场技术人员，有没有直接原因或间接原因造成此故障。例如，修改数据、删除文件、停电、雷击等情况，也需要询问在什么情况下和操作下发现故障，这有助于后续分析和找出故障原因。

（3）思。

思就是思考，根据现场查看的故障现象和询问的结果，结合自己的知识进行分析和故障定位，判断故障点和故障原因。

（4）动。

动就是动手，通过前面的查看、询问和思考后，确定了故障的大致位置，下一步就是采取适当的操作来最终确定故障位置，并动手排除。

6.3.3　故障排查常用指令

在物联网系统故障中正确使用指令可以很好地帮助故障的排查和定位。常用的故障排查指令有 ping 指令和 ipconfig 指令。

1. ping 指令

用 ping 指令来测试网络连通情况，通常会用它来直接 ping 对方 IP 地址，并测试与对方的网络连通情况。具体操作是在 Windows 系统中打开命令提示符窗口（CMD），在窗口中输入对方的 ping+空格+对方的 IP 地址即可。例如，计算机 IP 地址是 192.168.2.2/24，要测试和路由器（IP 地址是 192.168.2.254/24）的网络连通情况，可以输入 ping 192.168.2.254，如图 6-3-3 所示。

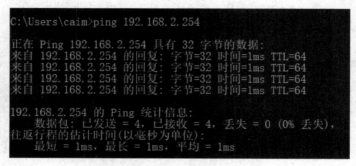

（网络连通的情况）

（网络不通的情况）

图 6-3-3　ping 指令结果

如果 ping 通对方设备，则会显示时间和 TTL 值的数据，如"字节=32　时间=1ms TTL=64"。

- 字节=32：表示发送给对方的数据包大小为 32 字节。
- 时间=1ms：表示对方在 1ms 内返回响应数据，该时间越小，说明和对方连接速度越快。
- TTL=64：通常 TTL=64 表示对方为 Linux 系统，TTL=128 表示对方为 Windows 系统。

如果 ping 不通对方设备，则可以检查网络连线是否正常或计算机 IP 地址配置是否正确。

2. ipconfig 指令

ipconfig 指令可以用于查看计算机的 IP 地址配置信息，无论计算机 IP 地址是静态 IP 地址配置还是自动获取配置，都可以通过该指令来查看 IP 地址信息，如图 6-3-4 所示。

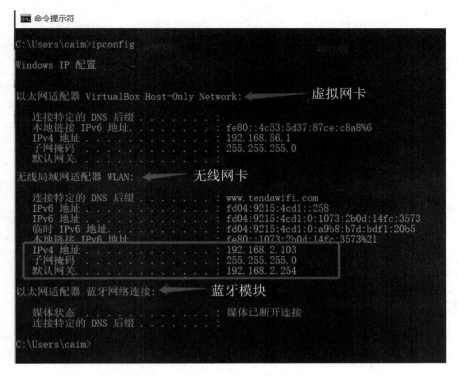

图 6-3-4　ipconfig 指令结果

根据 ipconfig 指令所获取的数据可知，计算机不仅安装有虚拟网卡，即安装了虚拟机 VirtualBox，还使用了无线网卡进行联网，计算机上还配有蓝牙通信模块。这时计算机的无线网络连接所获取的 IP 地址是 192.168.2.103/24。

6.3.4　故障处理注意事项

物联网系统故障处理时需要注意的事项如下。

① 面对故障现象不要慌乱，保持头脑清醒，冷静地判断问题。

② 需要带着不找到问题原因不离开的心态处理问题，不能只是解决了故障就离开，这样容易造成故障重现。

③ 不要过高地估计问题的复杂性，要从软件到硬件，从最简单的情况入手。

④ 要仔细考察故障发生前的系统变动，故障中有 90%的可能性是由最后这一次的软件或/和硬件变化引起的。

⑤ 及时保存用户配置数据，故障处理完成后，需要将用户数据还原回去。

⑥ 故障处理完成后，需要等待系统运行一段时间，确保故障不再重现或无新故障后方可离去。

📖 任务实施

任务实施前必须先准备好以下设备和资源。

序号	设备/资源名称	数量	是否准备到位（√）
1	路由器	1 个	
2	交换机	1 个	
3	T0222 采集控制器	1 个	
4	物联网中心网关	1 个	
5	串口服务器	1 个	
6	4150 采集控制器	1 个	
7	报警灯	1 个	
8	限位开关	1 个	
9	分拣管理系统项目巡检记录表	1 份	
10	耗材	1 份	
11	系统故障维护单	1 份	
12	计算机	1 台	
13	电源适配器	3 个	

1．准备硬件环境

本次任务在任务 2 的基础上进行故障处理操作，所以需要确认硬件环境的安装和连接（见图 6-1-1）。

2．处理故障

本次任务的故障是 T0222 采集控制器网口松动，需要更换 T0222 采集控制器。更换 T0222 采集控制器需要先保存 T0222 采集控制器的配置信息。

（1）获取 T0222 采集控制器配置信息。

① 使用 ipconfig 指令获取计算机 IP 地址。

② 打开 T0222 采集控制器中以太网配置软件，完成设备 IP 地址搜索，如图 6-3-5 所示，记录下网络配置信息和服务器端口信息。

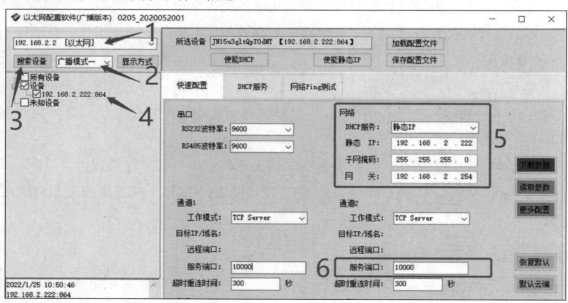

图 6-3-5　读取 T0222 采集控制器的配置信息

（2）更换 T0222 采集控制器。

① 断电状态下，拆除故障的 T0222 采集控制器设备，取一个无故障的 T0222 采集控制器设备，按原故障的 T0222 采集控制器的安装方式安装回原位置。

② 设备重新上电，正确配置回 T0222 采集控制器的网络配置信息和服务器端口信息。

3．测试功能

在云平台仪表板库中打开"分拣管理系统"，如图 6-3-6 所示，对所有的功能进行测试一遍，防止新故障产生。

图 6-3-6　云平台的仪表板数据界面

结果要求：可以通过报警灯按键远程控制报警灯亮灭，并能实现当触碰限位开关时，仪表板上的数据会发生变化。

4．填写系统故障维护单

将任务 2 中"系统故障维护单"填写完整，客户评价一栏由建设单位填写。

🏔 任务小结

本任务相关知识的思维导图如图 6-3-7 所示。

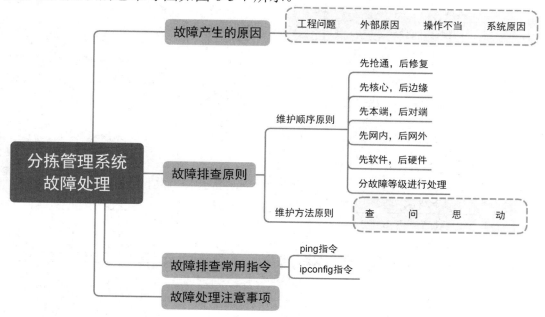

图 6-3-7　任务 3　分拣管理系统故障处理思维导图

🔆 任务工单

项目6　智慧仓储——分拣管理系统运行与维护	任务3　分拣管理系统故障处理

一、本次任务关键知识引导

1. 造成设备出现故障的主要原因有（　　　　）、（　　　　）、（　　　　）和（　　　　）。

2. 故障维护顺序应遵循先抢通，后（　　　　）；先核心，后（　　　　）；先本端，后（　　　　）；先网内，后（　　　　）；先软件，后（　　　　）；分故障等级进行处理等原则。

3. 在排除故障时，维护人员应该遵循的方法是一（　　）、二（　　）、三（　　）、四（　　）的原则。

4. 可以用（　　　　）指令来测试网络连通情况，可以用（　　　　）指令查看计算机的IP地址配置信息。

5. ping指令，返回的数据中TTL=64表示对方为（　　　　）系统，TTL=128表示对方为（　　　　）系统。

6. 故障处理时需要及时保存（　　　　）数据，故障处理完成后，需要将（　　　　）还原回去。

7. 故障处理完成后，需要等待系统运行一段时间，确保故障（　　　　）或无新故障后方可离去。

8. 下列（　　）ping指令是错误的。

　　A．ping192.168.2.2　　　B．ping 192.168.2.2/24　　　C．ping 192.168.2.2　　　D．ping+192.168.2.2

二、任务检查与评价

评价方式	可采用自评、互评、教师评价等方式			
说　明	主要评价学生在项目学习过程中的操作技能、理论知识、学习态度、课堂表现、学习能力等			
序号	评价内容	评价标准	分值	得分
1	知识运用（20%）	掌握相关理论知识，完成本次任务关键知识引导的作答准确率（20分）	20分	
2	专业技能（40%）	正确完成"准备设备和资源"操作（+5分）	40分	
		正确完成"搭建硬件环境"操作（+5分）		
		正确完成"处理故障"操作（+10分）		
		正确完成"测试功能"中故障点定位操作（+10分）		
		正确完成"填写系统故障维护单"的填写（+10分）		
3	核心素养（20%）	具有良好的自主学习、分析解决问题、帮助他人的能力，整个任务过程中指导过他人并解决过他人问题（20分）	20分	
		具有较好的学习能力和分析解决问题的能力，任务过程中未指导过他人（15分）		
		具有主动学习并收集信息的能力，遇到问题请教过他人并得以解决（10分）		
		不主动学习（0分）		
4	职业素养（20%）	实验完成后，设备无损坏、设备摆放整齐、工位区域内保持整洁、未干扰课堂秩序（20分）	20分	
		实验完成后，设备无损坏、未干扰课堂秩序（15分）		
		未干扰课堂秩序（10分）		
		干扰课堂秩序（0分）		
		总得分		